彩图版 羊肚菌
实用栽培技术

何培新　刘伟　郝哲　张彦飞　著

中国农业出版社
北　京

感谢如下团体和单位的大力支持与帮助！

中国菌物学会羊肚菌产业分会

郑州轻工业大学

华中农业大学

榆林市农垦农业技术服务站

榆林市榆阳区农垦总公司（马合农场）

四川菌益侬农业科技有限公司

易菇网

河南君升农业科技有限公司

羊肚菌在分类上属于子囊菌门，为珍稀食药兼用真菌，不仅外形独特、香气浓郁、味道鲜美、营养丰富，还具有降血脂、抗氧化、提高人体免疫力、抗肿瘤等功效。2012年以来，羊肚菌在川渝地区人工栽培成功，然后迅速在全国多地推广开来。2018—2019年度，全国栽培面积已达14万亩①，主要为大田栽培和林地栽培，南方多为平棚模式，北方则大力推广设施大棚栽培。从气候条件来说，我国北方地区由于冬季低温、干燥，春季气温多变、升温快、少雨、多风等特点，适宜羊肚菌出菇的时间较短，因而不具备发展羊肚菌生产的自然气候条件优势，不能盲目照搬平棚模式生产，唯有因地制宜，探索适合自身的生产管理模式，发展羊肚菌设施化生产，才能推动北方地区羊肚菌产业的持续发展。

目前，推广的羊肚菌大田栽培，利用羊肚菌在低温下仍然缓慢生长，而其他土壤微生物大多处于休眠状态的特点，在低温下将羊肚菌栽培种（营养基质＋羊肚菌菌丝体＋羊肚菌菌核体）直接播种到土壤中，使羊肚菌菌丝体在土壤中较快建立生态优势。经过充分营养生长后，环境适宜时出菇。相比香菇、黑木耳等担子菌而言，羊肚菌栽培管理确实较为简单。然而，属于子囊菌的

---

① 亩为非法定计量单位，1亩=1/15公顷≈667米²。——编者注

羊肚菌菌株容易老化和退化，规模化栽培对菌种质量要求很高，短时间不良的环境条件都可能最终影响产量。因此可以说，羊肚菌栽培的技术含量很高；特别是在北方地区栽培，对设施和技术的要求更高。

为推动我国羊肚菌产业的健康发展，著者总结了近年来羊肚菌生产管理的经验和教训，并融入最新的科研成果编写本书。本书文字浅显易懂，辅以大量生产实践中的图片说明，力争把理论讲透，将实用技术介绍清楚。本书可为广大食用菌从业人员参考，更可作为羊肚菌生产从业人员的入门资料，用于潜在栽培人员的培训。对于有经验的羊肚菌从业人员，也可修正错误的认识，启发和改进技术。本书的出版得到了陕西省重点研发计划项目（2018ZDXM—NY—061）的经费支持，众兴食用菌有限公司蔡胜舒先生提出了很多宝贵意见，一些热心的羊肚菌从业人员提供了一批精美的图片，在此一并表示感谢！现阶段，从事羊肚菌基础研究的科研机构偏少，行业知识储备和更新速度不足，加之作者水平有限，错误和疏漏之处不可避免，希望广大读者多提意见，我们共同努力，为我国羊肚菌产业又好又快的发展添砖加瓦。

著　者

2019年8月

目 录

前言

一、羊肚菌及羊肚菌产业

羊肚菌形似羊肚，因而称为羊肚菌，也称为羊肚蘑、羊肝菜、编笠菌。羊肚菌子囊果圆锥形至半球形，黄色至黑褐色，中空；菌盖有凹坑和脊，蜂窝状，子实层（着生子囊孢子的结构）位于凹坑内（图1-1）。羊肚菌的形态既是其物种内在的特征，也与外界环境条件（如温度、光照等）关系甚大，一般海拔高、光照强，则颜色深，因而仅凭形态特征很难准确鉴定羊肚菌。羊肚菌鉴定一般要结合保守基因如核糖体内转录间隔区（internal transcribed spacer, ITS）序列分析来进行。

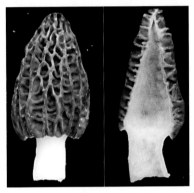

图1-1　羊肚菌子囊果形态

（一）羊肚菌的食用和药用价值

羊肚菌外形独特、口感柔嫩、香气浓郁、风味独特，食用一次终生难忘。羊肚菌的营养相当丰富，是"良好的蛋白质来源"，享有"素中之荤"的美称。羊肚菌既是宴席上的珍品，又是久负盛名的食补良品，我国民间素有"年年吃羊肚，八十照样满山走"的说法。欧洲人更将羊肚菌视为宴席中的珍品，通常在重要宴席中食用，其名贵地位与松露齐名；在北美地区，羊肚菌有"最佳食用菌"的美誉，也被称为landfish（陆地鱼）。据《中华本草》记载，羊肚菌性平，味甘寒，无毒；有益肠胃、助消化、化痰理气、补肾、补脑提神等功效；还具有防癌抗癌、预防感冒、提高人体免疫力的效果。现代医学研究表明，羊肚菌含有多糖、多酚、黄酮类物质、微量元素硒等多种成分，具有免疫调节的作用。因此，羊肚菌是不可多得的食药兼用的美味和保健食品。

（二）理性认识和发展羊肚菌产业

羊肚菌产业包括羊肚菌种植、产品加工、市场与销售、消费、科研、文化等多个方面（图1-2）。目前，羊肚菌产业的发展方兴未艾，称得上朝阳产业。然而也要清醒地认识到，该产业可以盈利，但绝非暴利。羊肚菌从业者每年都有赚钱，也有赔钱的情况发生。就种植而言，一些栽培户第一年小面积栽培大获成功，而翌年较大面积栽培，却往往面临着赔钱的局面，这与菌种技术、栽培管理技术和个体的知识储备密不可分。羊肚菌栽培环环相扣，需要在一定理论认知下精心管理，粗枝大叶难以成功。目前，羊肚菌产业存在着宣传、培训、市场、种植等多方面的诱惑和陷阱。

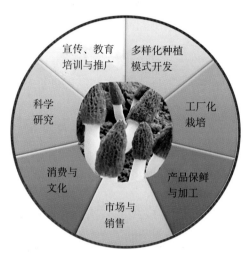

图1-2　羊肚菌产业的主要内涵

1.羊肚菌栽培模式多样化　我国各地气候条件不同，适宜羊肚菌种植的模式也各有千秋。例如，我国北方就存在着林下栽培、平棚下小拱棚、冷棚、温棚、暖棚、西瓜大棚、光伏板下等设施栽培，以及与蔬菜和水果间作套种等多种模式（图1-3），此外，在高海拔和高纬度地区，还发展了反季节栽培

图1-3　我国北方羊肚菌栽培采用的主要模式

a.平棚下的小拱棚栽培　b.蔬菜大棚（冷棚）栽培　c.西瓜大棚栽培

d.暖棚（日光温室）栽培　e.阳光棚下与葡萄套种　f.太阳能光伏板下栽培

等模式。不同地区在从事羊肚菌种植之前，一定要做好调研，摸清本地不同季节的温度、降水等气候因子变化规律，设计适合本地具体情况的栽培模式和生产管理技术。

2. 羊肚菌栽培对菌种质量要求很高　作为子囊菌，羊肚菌菌丝生长速度较快，但也面临着菌种容易老化和退化的问题。该问题比多数担子菌都更加突出。

一般羊肚菌菌种也分为母种、原种和栽培种三级菌种体系（图1-4）。选择菌种时，一定要选择无污染、菌丝生长速度快、产生菌核适中、产生色素迟且少的菌种，坚决不用可疑菌种。此外，一定要到声誉好、从事羊肚菌科研或生产的单位去引种。长期保藏的菌种，一定要检验合格后方可推广使用。不能确定分类地位的野生菌分离的菌种不可

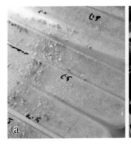

图1-4　优良的羊肚菌母种和原种
a. 母种　b. 原种

使用。多孢分离的菌种，由于存在着生产性状的较大分离，直接用于生产会有较大风险。菌种生产时，要尽量在低温（18 ~ 20℃）下培养；不能及时使用时，需合理地低温储藏或保藏。

科学的菌种检验技术，可以有效降低菌种问题给生产带来的风险。现已开发了羊肚菌菌种身份（identity）、交配型（mating type）和活力（vitality）IMV检测技术。简单而言，通过一定检测技术手段，确定羊肚菌分离菌株的分类地位、老化程度，以及是否发生交配型的丢失，进而综合判定检验菌株用于大生产的安全系数。检验合格的菌种，方可放心地用于规模化生产。

3. 羊肚菌产业仍将保持相对平稳发展态势　食用菌工厂化生产不受季节限制，可以在较小面积的土地上建设工厂，在短时间获得大量的产品，真正做到集约化生产。羊肚菌的大田栽培模式和生产的季节性，决定了在工厂化栽培大规模推广应用之前，羊肚菌生产很难达到像香菇（*Lentinula edodes*）、平菇（*Pleurotus* spp.）那样的每年数十、数百万吨的规模。此外，国际性的消费文化使得羊肚菌国际市场潜力巨大，深加工产业的发展潜力也很大，国内市场有待于深度开发。因此，在工厂化生产大规模推广应用之前，我国羊肚菌大田栽培将保持相对平稳的发展态势。

4. 个体业者要理性认识和发展羊肚菌产业　第一，一定要清醒地认识到，利润与风险并存，羊肚菌产业存在着较大的失败风险。在实际生产中，不可盲目追求规模。降低生产成本、科学种植、提高单产、提升品质、增进加工

品质量、加强销售能力、结合当地农业优化项目结构等是提高效益的有效途径。第二，组织专业合作社，或与专业公司合作，采用互利共赢的模式发展，整合优势资源，避免单打独斗。第三，有效利用各种资金支持，降低生产风险。羊肚菌种植属于农业生产，在道路硬化、大棚搭建、水利设施建设等方面要多方争取政府专项资金支持；寻求与保险公司合作，降低生产风险。第四，加强学习和技术开发，在科学理论认知下精细化管理每个生产环节。要掌握菌种分离和菌种保藏技术，尝试留种和育种；同行之间多沟通、多交流，相互学习，相互促进；多向科研院所学习和请教，在合作科研、生产菌株检测等方面互利共赢。第五，主动开发本地市场，利用热点网络媒体，扩宽销售渠道。

5. **生产企业的理性发展道路**　羊肚菌产业是由市场、品牌、资本与技术等部分组成。企业的发展涉及方方面面，既要懂生产，还要懂管理。一是要做好产学研结合，在新品种选育、新技术和新产品研发等方面保持行业领先，逐渐成为行业标杆；二是加强企业品牌文化建设，多方位做好宣传工作，逐步树立自己的品牌；三是主动开发国内外市场，把控住市场，立于不败之地；四是拓展融资渠道，包括充分利用政府的专项扶持资金，避免因为资本链断裂而耽误企业的发展。

二、羊肚菌生物学基础

羊肚菌是一种生物，其生存的唯一目的是生息繁衍，即产生子囊果（羊肚菌），使物种延续下去。而要产生子囊果，必须首先蔓延菌丝，获取供给子囊果发育的物质和能量。产生子囊果是繁殖，菌丝蔓延是生长。繁殖是生长的必然结果，生长是繁殖的基础。只有产生了大量健壮的菌丝体和菌核，积累了丰富的营养，才能产生数量更多、品质更高的子囊果。菌核由菌丝形成，是菌丝细胞分化的产物。菌核由于细胞壁加厚和积累储存了大量营养物质（脂肪），可以帮助羊肚菌挺过寒冷、营养缺乏等不利条件；重要的是，在出菇环节还可以将储备的物质和能量输送上来供子囊果生长发育使用。产生大量健壮的菌丝体和菌核，是羊肚菌高产、优质栽培的基础和前提条件。菌丝和菌核细胞要积累大量营养，与土壤中存在的营养物质和羊肚菌播种后的环境条件息息相关。同样，由菌丝体转向形成原基（从生长转到繁殖），同样与土壤微环境的营养和环境条件紧密相关。因此，羊肚菌栽培是涉及羊肚菌生长和繁殖的非常复杂的过程，其中蕴含的理论众多，本质上包含环境与营养条件影响和调控着大量基因表达等生命现象。只有揭示和遵循羊肚菌生命活动规律，才能高质量地栽培羊肚菌。这是科研工作者和栽培人员的共同使命。

（一）人工栽培羊肚菌的种类

目前，我国大田栽培的羊肚菌种类主要有梯棱羊肚菌（*Morchella importuna*）、六妹羊肚菌（*M. sextelata*）和超群羊肚菌（*M. eximia*）。超群羊肚菌以前称为七妹羊肚菌（*M. septimelata*）（图2-1）。其他羊肚菌用于栽培，存在着不出菇或出菇较少的风险。例如，我们在河南多地羊肚菌栽培田，采集到出菇较差的几个样品，经分子鉴定发现是高羊肚菌（*M. elata*）（图2-1）。河南本地野生羊肚菌大多属于黄色品系，多为粗柄羊肚菌（*M. crassipes*），人工栽培时产生菌霜较少，产量很低或不出菇。因此，在生产之前，必须首先了解要推广的羊肚菌品种或菌株的分类地位。所有本地发生的野生羊肚菌分离的菌种仅能用于实验性栽培，不可直接推广应用。目前市场上流通的梯棱羊肚菌、六妹羊肚菌和超群羊肚菌生产品种（菌株）均为云南、四川等特定区域的野生品种经多年驯化获得。相对于梯棱羊肚菌而言，六妹羊肚菌比较适应北方相对不利的气候条件。

图2-1　目前可人工栽培的几种羊肚菌
a.梯棱羊肚菌　b.六妹羊肚菌　c.超群羊肚菌　d.高羊肚菌

（二）羊肚菌的生活史

羊肚菌的生活史是指羊肚菌从子囊孢子开始，经过孢子萌发、菌丝生长、菌核发育、菌丝扭结形成原基、原基发育成幼菇、幼菇逐渐发育成熟，最后形成新的子囊孢子的过程。随着科研工作的不断深入，已经初步掌握了羊肚菌的生活史（图2-2），但仍有一些细节不明晰，如小分生孢子（菌霜）的作用、受精作用的发生过程、是否存在单细胞减数分裂等。

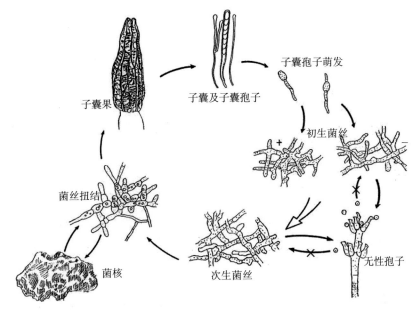

图2-2　羊肚菌的生活史

　　羊肚菌子囊孢子着生于成熟子囊果凹坑内的子实层。子实层由大量子囊、侧丝和其他支持细胞组成，每个子囊大多含8个子囊孢子。子囊孢子椭球形，（8.9～10）微米×（20～26）微米，每个孢子含有6～8个细胞核，这些细胞核的遗传背景相同，因而子囊孢子为同核体。梯棱羊肚菌和六妹羊肚菌均是在子囊果临近成熟期才大量产生子囊孢子，幼嫩子囊果很少能弹射孢子。羊肚菌为异宗配合，含有不同交配型基因的子囊孢子萌发形成的初级菌丝，发生菌丝融合（质配）后形成次生菌丝，次生菌丝再扭结形成原基，原基分化为幼菇，幼菇发育为成菇（图2-2）。早期报道的单孢菌株人工栽培可以形成子囊果，是因为在栽培过程中一种交配型的菌丝细胞与自然界存在的另一种交配型的细胞发生了自然交配，最终仍然是次生菌丝扭结形成了原基。可以观察到初级菌丝之间的融合，但是雄器与产囊器之间的交配却难以看到。雌、雄细胞有没有形态上的差异？不同性细胞在何时形成？性细胞在何时发生交配？诸如此类的孢子形成过程的具体细节问题，目前都没有研究透彻。

　　将菌种块接种到斜面或平板培养基上培养，菌种块萌发，菌丝体相互缠绕，形成特定形态的菌落（图2-3）。羊肚菌菌丝生长为尖端生长，随着培养时间推进，菌丝不断分枝。主干菌丝活力旺盛，直径12～17微米，被隔膜分隔为多个菌丝细胞。主干菌丝产生分枝，形成二级菌丝，其夹角小于30°。

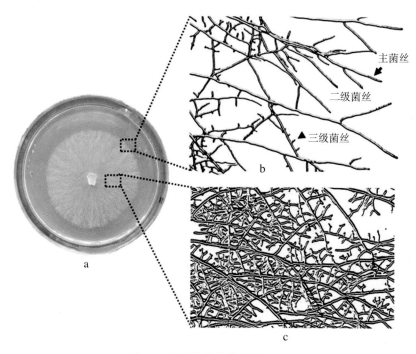

图2-3　羊肚菌的菌落和菌丝形态

a.羊肚菌菌落　b.菌丝尖端生长　c.菌丝网络

二级菌丝再分枝形成三级菌丝，其夹角不断增加 (45°～ 90°)。梯棱羊肚菌菌丝细胞多核，每个细胞含15～ 42个细胞核，平均为22个。羊肚菌菌丝生长速度快，在CYM培养基上，梯棱羊肚菌的菌丝生长速度为0.35～ 0.5毫米/小时，培养3天即可发满直径9厘米的平板。菌丝生长速度是判别羊肚菌优良生产菌株重要特征之一。发满平板或斜面培养基之后，菌丝逐渐分化形成菌核。菌核初始白色到浅黄色，形成于重复分枝菌丝，或末端与亚末端菌丝分枝。随着细胞膨胀、细胞壁加厚和色素分泌，形成菌核的分化细胞不断交织，菌核颜色加深，最终形成凸起、颗粒状

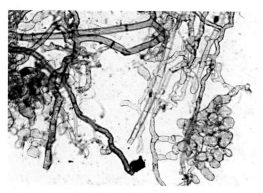

图2-4　土壤内部的厚壁菌丝细胞和膨大的菌核状细胞

或块状、棕褐色的成熟菌核。人工栽培时，有时候在土壤中可以发现米粒至花生粒大小的颗粒状或块状的菌核。土壤中的菌核大小和数量与土壤结构和外部营养有关。即使不分化为特定形态的菌核，土壤中的大多菌丝体实际上已经发生了细胞分化现象，成为细胞壁加厚、细胞质浓缩的分化细胞，或称为菌核状细胞，具有与菌核类似的储存营养和抵抗不良环境的功能（图2-4）。

羊肚菌人工栽培时，播种后1周左右，在土层表面会出现大量菌霜，为羊肚菌产生大量小分生孢子的阶段（图2-5）。光线适中、通风良好、适度潮湿的土壤产生的菌霜更多。一般六妹羊肚菌系列菌株的菌霜量多于梯棱羊肚菌。最新的研究表明，羊肚菌小分生孢子应该是充当生殖细胞，起到"不动精子"的作用。在栽培时，一般认为产生菌霜过多会消耗营养，因而管理上要控制菌霜的过量产生，如播种后覆盖黑色透光地膜可以有效地抑制菌霜的产生。

图2-5　羊肚菌栽培产生的菌霜

a.菌霜外观　b.羊肚菌小分生孢子的显微特征

播种后，菌丝体在土壤中充分蔓延，形成菌丝网络和菌核。菌丝和菌核细胞内部积累着大量的营养。在外界环境条件（温度、湿度、氧气和光线等）适宜时，通过催菇管理，可刺激菌丝扭结形成原基。初始原基针尖状，随后至蚕卵大小，肉白色至灰白色，多在土缝中优先形成。一般原基形成密度大（每平方米数百至数千），但仅有少数原基可以分化为幼菇，进而最终发育为成熟的子囊果（图2-6）。在生产的中后期，随着气温的升高，也有不经过原基形成阶段，畦面上直接长出幼菇，这种现象称为无原基发育。原基分化期是羊肚菌生活史最重要的阶段之一，该阶段的管理对羊肚菌高产优质栽培至关重要。如果能提供原基分化所需的相对稳定的环境条件，让更多的原基分化成幼菇，则可实现高产。原基形成再多，如果很少分化为幼菇，也不能实现高产。

图2-6　从原基到成熟子囊果的发育阶段

a.原基　b.原基分化　c.幼菇　d.成菇

（三）羊肚菌的营养需求

在我国黄河流域，羊肚菌的播种宜选择立冬至小雪之间。播种后整个发菌期都处于相对寒冷的冬季。在低温条件下，羊肚菌主要吸收利用菌种体和土壤中的小分子糖类及铵盐、硝酸盐、氨基酸等氮源物质，同化为组成自身细胞的物质及胞内营养储藏物质（脂肪等）。而施加到土壤中的木质纤维素原料（菌种体带入、有料栽培施入、土壤中具备等）却难以被充分利用。在有料栽培中，如果施加到土壤中的木质纤维素原料过多（如每亩超过1吨），不仅难以被充分利用，而且还有可能因营养过剩而妨碍出菇。此外，直接施加到土壤中的畜禽粪便等肥料也难以被有效利用，反而会在翌年随着春季温度升高招致大量的杂菌污染。因此，直接往土壤中施加木质纤维素原料、粪肥等，企图代替外源营养袋向土壤中的菌丝和菌核细胞补充营养，一般效果不好。当然，往土壤直接施加铵盐、硝酸盐等化肥，以及白糖等可为羊肚菌直接吸收利用的营养物质，会有一定的效果，但是必须考虑施加量、杂菌的滋生、增加的成本和碳氮肥料之间的比例，不然也会产生难以预知的不良后果，因而通常不建议这样做。羊肚菌本身能够诱导产生分解木质纤维素的酶类和淀粉酶类。在原种和栽培种的生产中，添加麦粒及经过堆制发酵处理的木屑、植物秸秆等木质纤维素原料，在发菌过程中，麦粒中的养分可被有效利用，基质中的木质纤维素原料也可被同化利用一部分。但木质纤维素原料的作用，主要还是改善菌种体的物理性状（如提高透气性），满足羊肚菌菌丝快速生长对氧气的需求，快速散发热量等。

（四）羊肚菌的环境条件需求

羊肚菌生长繁殖需要的环境条件包括温度、湿度、光线、pH、氧气和二氧化碳等，与羊肚菌的人工栽培息息相关。把握和调节好这些环境条件，是羊肚菌成功栽培的关键。

1. 温度　羊肚菌属中低温型真菌，不同品性的羊肚菌菌株（品种）对温度的需求不同。通常情况下，羊肚菌菌丝的最佳生长温度为20～25℃。偏低温培养菌丝体粗壮，不易老化和退化。环境最高温度低于20℃是最佳的播种时机，菌丝在10～20℃时依旧可以快速生长。4℃以下的低温刺激1周以上有利于菌丝的分化和后期的出菇。在讨论出菇环节时，以土表5厘米厚度的温度和地表温度为准。后期幼菇形成和生长时，以地表温度为准。目前市场上流行的品种，原基发育温度在地温8～12℃；环境10℃以上的昼夜温差刺激有利于原基的形成；子囊果形成与发育的温度为4～20℃，最适温度为10～18℃；环境温度长时间超过25℃可能不再出菇。在幼菇期，设施内地表温度不要低于4℃，低于0℃将直接造成原基或幼菇冻伤夭折。此外，北方栽培时，还要防止倒春寒对原基和幼菇的冻害。因此，一定要关注未来1周内甚至更长时间的天气情况。

2. 湿度　羊肚菌属于喜湿型真菌。在菌丝体生长阶段，空气相对湿度可以保持在70%～80%，土壤含水量应达到20%～30%；在原基形成和子囊果发育阶段，土壤含水量应达到25%～30%，空气相对湿度增加到85%～95%，避免空气干燥对幼嫩子囊果造成的损伤。如果自然降水不能满足其湿度要求，应进行人工补充水分，且以喷雾或滴灌为宜。在原基分化期和幼菇期，人工补水时，水滴不要滴到原基和幼菇上，不然会造成原基停止分化和幼菇死亡。在透气性较差的淤地（黏质土壤）栽培羊肚菌时，如果发菌期土壤含水量长期过大，则会造成菌丝活力下降，菌丝细胞内部积累的营养较少，即使形成很多原基也难以出菇，或幼菇容易死亡。

3. 光线 羊肚菌菌丝生长阶段不需要光线，短时间的光线刺激利于菌核形成。大田栽培时，要采用5%～15%透光率的遮阳网遮阴，创造出利于菌丝生长的均匀光线。遮阳网可使用六针或四针加密的规格，具体依据当地光照强度确定。当遮阳网折光率不足时，在大棚内使用小拱棚同样能起到一定的避光作用。微弱的散射光（600～1 000勒克斯）有助于诱发原基形成和羊肚菌子囊果的生长发育。如果大棚覆盖较厚，棚内长时间光线过低，则可能影响原基分化和幼菇发育，或造成子囊果朝着光线的方向倾斜生长，最终影响产量（图2-7）。子囊果在生长发育过程中要避免强光直射，强光和高温会灼伤子囊果，导致形成畸形菇。幼菇进入快速发育期，稍强光线则利于幼菇发育。

图2-7 通风不良、光照过弱条件下生长的羊肚菌

4. pH 菌丝培养和大田栽培的pH最好在6.5～7.5，中性或微碱性环境有利于菌丝生长，在灰碳、腐殖土、黑黄色壤土、沙质混合土中均能生长。pH高于8.5的土壤和灌溉用水不利于羊肚菌栽培，一定要引起重视。大田栽培时，每亩地可施加50～75千克的生石灰或200～250千克的草木灰调节土壤酸碱度。生石灰还可以有效地杀灭土壤中的有害微生物和害虫卵。

5. 氧气及二氧化碳 羊肚菌是好气性真菌，对氧气的需求量较大。母种培养阶段，由于菌丝量较少，可以不考虑氧气问题；大批量原种和栽培种培养室，培养房内需要及时换气，增加氧气供应。氧气不足或二氧化碳超标时，菌丝发菌速度变慢。诱发出菇需要保持较低的二氧化碳浓度和较高的氧气。实际生产中常通过设施通风来调节氧气和二氧化碳浓度。子囊果发育过程中需要加强通风管理，增加棚内氧气含量，一定不能有闷气的感觉。如果设施内部长期通风不良，二氧化碳浓度过高，则会导致菌柄变长，菌脚增大，菌盖短小，子囊果纤细、薄，提早成熟（图2-7）。

一定要引起注意的是，空气湿度、土壤含水量和温度管理之间既相互关联又相互矛盾，例如，借助通风换气调节氧气和二氧化碳的比例时，将同时会引起温度和空气湿度急剧下降；通过喷雾加湿提高空气相对湿度时，也容易造成土壤含水量过大等问题。一定要在羊肚菌栽培管理的不同阶段抓矛盾的主要方面，如覆膜栽培发菌期主要是防止地膜密闭过严、膜下温度过高、光线过强；原基分化期要保持各环境因子稳定，关键是近地面的空气相对湿度要高于85%；幼菇期管理要结合自然气温灵活进行，可微弱通风并保持一定的空气湿度；而随着幼菇长大，要适当增加通风和喷水次数，尽量保持低温以使子囊果缓慢发育等。

（五）羊肚菌的老化与退化

羊肚菌区别于多数担子菌类食用菌的一个最大的遗传特征，是其菌株容易老化和退化。老化与所有生物一样，是一个自然渐进的过程，是随着传代培养时间延长而表现出的菌丝活力下降的现象，与线粒体结构和功能变化及细胞质遗传因子等关系密切。多数羊肚菌菌株连续传代培养几十天至百余天即死亡，且传代培养时间和菌丝连续生长长度等特征为菌株特异性（图2-8）。同一个子囊果的不同分离物的继代培养曲线也不同。因此，对拟准备大规模推广使用的生产菌株，最好测定其连续继代培养曲线。那些连续继代培养超过20代仍保持活力的菌株，可视为潜在的优良生产菌株。发生老化的菌株菌丝细弱，生长速度下降，产生色素多且时间提前，菌核产生能力下降至彻底丧失，最后菌丝彻底停止生长，菌丝尖端破裂而死亡（图2-9）。老化严重的菌株甚至菌丝都难以发满菌种袋，播种到土壤中也难以蔓延。羊肚菌的最终产量与菌株老化程度显著负相关，老化程度越高，产量越低（图2-10）。老化菌株用于生产，将严重影响栽培的产量。此外，老化菌株原基分化差，幼菇

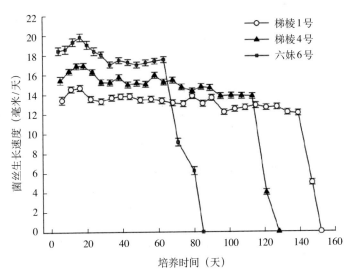

图2-8　不同羊肚菌菌株的继代培养曲线

抗逆性差，容易死亡。老化与菌株连续传代培养代数过多、接种物比例过小、采用不科学的菌株保藏方法、保藏时间过长、菌种培养温度过高和时间过长、菌种满袋后不及时使用和不科学保藏等有关，一定要引起足够的重视。

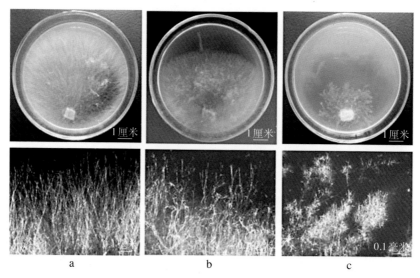

图2-9　六妹羊肚菌不同时期的菌落（上排）和菌丝尖端（下排）形态特征

a.幼嫩期　b.老化初期　c.老化晚期

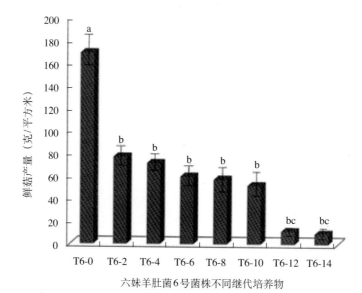

六妹羊肚菌6号菌株不同继代培养物

图2-10　六妹羊肚菌6号菌株产量与继代培养代数（时间）负相关

羊肚菌菌种退化是由于细胞核基因突变引起的优良生产性状丧失的现象。生产性状一般不是由单一基因控制的，而是多基因作用的结果。菌株退化的遗传背景一般比较复杂。退化菌株主要表现为出菇不整齐、出菇少或者不出菇、畸形菇较明显等（图2-11）。退化菌株不能用于生产。

图2-11　不同退化状态的子囊果

防止菌种退化和老化的方法主要是减少菌种传代培养次数，菌株传代培养尽量控制在3代以内；科学保藏菌种，斜面低温保藏法不要超过半年，甘油管低温保藏法可保持1年以上；菌种培养在偏低温度下进行，如母种培养不超过25℃，原种和栽培种培养不超过20℃；菌种发满后尽快使用，冷库保藏不超过2周，常温保存不超过1周；每年都要重新分离菌种，长期保藏菌种使用前要进行活力检测等。

（六）羊肚菌连作障碍

连作障碍又称为重茬问题，在农作物中研究较多，是指在正常的管理方式下，同一块地连续多年种植相同作物会造成作物产量降低、生长状况变差、品质变劣、病虫害发生加剧的现象。农作物的连作障碍机制主要有土壤养分失衡、土壤微生物区系变化、作物根系分泌物的化感自毒作用等几个方面。羊肚菌旱地连续栽培的最长时间为两年，随着种植年份增加，会出现羊肚菌病虫害加重（图2-12）、产量下降、子囊果变小等问题。羊肚菌连作障碍机制没有研究报道，推测与土壤中微量元素失衡、病原菌增加等有关。

图2-12　羊肚菌连作真菌病害严重（姚松涛　摄）

　　南方羊肚菌种植地块大多继续种植水稻，连作障碍问题不明显。对于北方羊肚菌栽培，克服和减缓连作障碍问题可以采用如下措施：①选育抗重茬的羊肚菌品种，轮换使用不同的羊肚菌品种或菌株，如梯棱羊肚菌与六妹羊肚菌栽培品种或菌株之间的轮换。②羊肚菌与绿色植物，如蔬菜、玉米、瓜果、牧草等轮作，严禁和其他食用菌如冬荪（*Phallus impudicus*）、大球盖菇（*Stropharia rugosoannulata*）、草菇（*Volvariella volvacea*）等轮作。轮作的农作物也不要重茬，最少是科间的轮作，一般西瓜的栽培间隔时间是1～2年，黄瓜、辣椒栽培的间隔时间是2～3年，番茄、茄子、甜瓜栽培的间隔时间是3～4年。③其他处理措施包括羊肚菌栽培前土地的阳光暴晒，深耕，加大生石灰用量至每亩200千克，高温闷棚3周以上等。

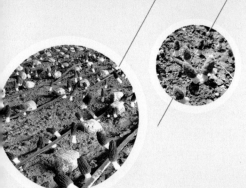

三、羊肚菌的菌种分离与菌种生产

菌种技术包括菌种分离技术和菌种培育、筛选评价技术。菌种是羊肚菌栽培的关键，对羊肚菌栽培成败的贡献度应该在一半以上。优质菌种是高产的前提，栽培管理是发挥菌种生产潜力的保证。同样的菌种，不同基地之间羊肚菌产量和质量差异较大，大多可归于管理技术操作上的差异；而劣质菌种无论怎样科学管理都不可能获得高产。使用优质菌种，尽管由于管理缺乏经验或气候等客观原因无法获得理想的高产，但一般也不会绝收。因此，系统育种、理智选种、精心制种、妥善藏种和科学的菌种评价体系，对羊肚菌成功栽培的意义不言而喻。科学育种是指除了自然选育以外，还综合应用杂交育种、原生质体技术育种和诱变育种等技术，培育获得具有多种优良栽培性状的品种（菌株）。理智选种是指从可信单位引种，在使用前经过出菇实验和实验室检验，最大限度地降低栽培风险。精心制种是指优化制种过程的各个环节，获得活力强、无污染的优质菌种体。妥善藏种是指采用液氮（−196℃）、超低温冰箱（−80℃），最起码−20℃甘油管保藏母种，4℃保藏菌种最长不要超过半年，保证菌种不过度退化和老化。组织分离的母种传代次数尽量不要超过3代；发满的原种和栽培种在冷库（2～6℃）中储存最长不超过2周，常温下不超过1周，严禁高温下存放菌种。

（一）羊肚菌菌种分离与母种培养

1. 母种培养基的配制　　母种培养基用于科学研究、母种分离、母种培养和保藏。常用的母种培养基有CYM培养基和加富PDA培养基2种。

CYM培养基的配方为：葡萄糖20克，酵母提取物2克，蛋白胨2克，K_2HPO_4 1克，$MgSO_4$ 0.5克，KH_2PO_4 0.46克，琼脂粉18～20克，自来水1 000毫升。

加富PDA培养基配方为：马铃薯200克，葡萄糖20克，KH_2PO_4 1克，蛋白胨1克，琼脂18 ～ 20克，自来水1 000毫升。

所有母种培养基最终都要121℃灭菌20 ～ 30分钟。在以上2种母种培养基中，马铃薯是削皮、切块、煮沸和取汁使用，其他组分可以直接加入到液体中溶化，而琼脂粉则是在液体接近沸腾时加入，然后在不断搅拌中加热，直到融化。CYM多用于科研，加富PDA在生产中使用较多。对于常规三级菌种制作来说，规模化栽培一般每亩需要一支母种，转接6瓶原种，再转接300袋左右的栽培种（图3-1）。要根据栽培规模提前制备好母种培养基。母种培养基斜面转接培养后，获得生产所需的羊肚菌母种（图3-2）。

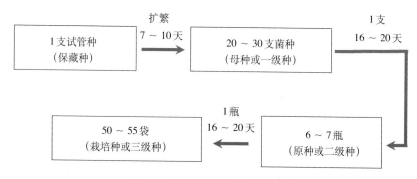

图3-1　羊肚菌菌种扩大繁殖流程

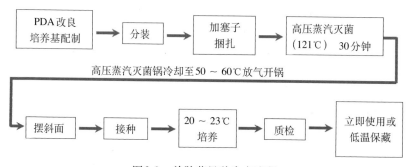

图3-2　羊肚菌母种生产流程

母种培养基配制方法相似，以加富PDA为例，其配制所需要的材料及用具有：灭菌锅、电子天平、量筒、烧杯、试管、橡胶塞或棉塞、纱布、电磁炉、煮锅、玻璃棒（或筷子）、橡皮筋或棉线、旧报纸或牛皮纸、标签笔、葡萄糖、琼脂粉、磷酸二氢钾、蛋白胨、棉手套、菜刀、砧板等（图3-3）。加富PDA培养基配制过程如下：

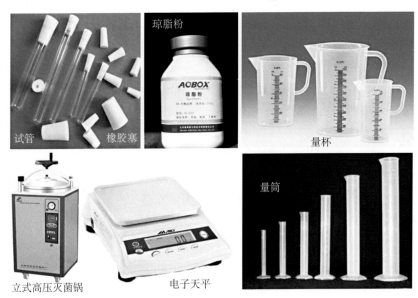

图3-3 母种培养基配制的部分用具

（1）计算各组分用量 上面给出的是配制1 000毫升培养基的配方，如果要配制500毫升培养基，各组分的用量要减半。首先确定要配制的培养基的量。一般16毫米×160毫米的试管制作斜面时，每个试管可以分装培养基8毫升左右。要想配制100个斜面，需要800毫升左右的培养基。为保证足量，可以配制1 000毫升，需要马铃薯200克，葡萄糖或蔗糖20克，KH_2PO_4 1克，蛋白胨1克，琼脂18～20克。

（2）马铃薯称量、切块、煮沸取汁 首先选一个约250克的马铃薯，洗净，削皮，将芽和虫眼挖去，并尽量削去发青的部分。然后称量200克去皮的马铃薯，用刀切成长、宽约1厘米的小块，放入铝锅（可用玻璃、陶瓷等容器，不要用铁锅），加入约1 000毫升自来水，煮沸，再用小火保持沸腾25～30分钟，用4～6层纱布过滤，得到清亮的马铃薯汁（约600毫升）。弃去马铃薯渣。

（3）加入糖、磷酸二氢钾和蛋白胨 往马铃薯汁中补加约400毫升自来水（液体不超过1 000毫升），加入葡萄糖或蔗糖20克、磷酸二氢钾1克及蛋白胨1克，继续煮至接近沸腾。

（4）加入琼脂、加热融化 加入18～20克琼脂粉（冬季18克，夏季20克）；若选用琼脂条，用剪刀剪成1厘米长的小段加入。优先选用琼脂粉，一瓶250克的琼脂粉售价在100元以内，可以配制培养基12.5升，可制作至少

1 250支斜面；相比琼脂条，琼脂粉使用更为便捷。加入琼脂后继续加热，同时用玻璃棒或筷子不停地搅拌，防止琼脂糊底。微火加热至琼脂完全融化、培养基变得透亮为止。

（5）定容　补充蒸发掉的水分，使培养基的总体积为1 000毫升。

（6）分装与包扎　趁热将培养基分装入试管、三角瓶、组培瓶等容器。分装试管可用铁架台、大漏斗、乳胶管、止水夹等自制分装架（图3-4），或将融化的培养基置于规格200毫升的带柄塑料烧杯内，小心地倾倒入空试管内。试管中装入的培养基长度为试管总长度的1/5 ～ 1/4，16毫米 ×160毫米的试管培养基高度为4厘米左右，体积约8毫升。试管分装后塞橡胶塞（棉塞透气性好，利于羊肚菌菌丝培养，但不利于菌种保存），然后7支一捆或10支一捆，用双层报纸或单层牛皮纸包裹橡胶塞一端，用耐高温橡皮筋或棉线缠好包扎。棉线要扎活结，使用时容易解开。

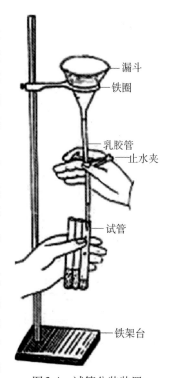

漏斗
铁圈

乳胶管
止水夹

试管

铁架台

图3-4　试管分装装置

（7）灭菌　母种培养基需进行高压蒸汽灭菌，常用的设备有手提式高压蒸汽灭菌锅（1 000 ～ 2 000元/台，一次可灭菌16毫米 ×160毫米的试管100 ～ 200支）、全自动高压蒸汽灭菌锅（5 000 ～ 10 000元/台，一次可灭菌300 ～ 500支）（图3-3）。灭菌过程简述如下：

①加水。往灭菌锅内胆加水（最好加蒸馏水）至安全刻度线。

②装锅。将包扎好的成捆试管竖立装入锅体内。

③对称拧紧螺丝。检查锅盖密封圈，盖上锅盖，对称拧紧螺丝。

④排气。升温和保温前一定要先将锅内的冷空气排净，不然会出现假高温（锅内的实际温度和蒸汽压力低于仪表显示的数值），造成培养基灭菌不彻底。有两种排气方法，一是连续排气法，装锅后保持排气阀开启，随着持续加热，锅内的水蒸气将冷空气缓慢地顶出，当看到排气阀出现水蒸气冒出，再继续排蒸汽，约5分钟后，关闭排气阀，继续加热升温；二是间歇排气法，装锅后关闭排气阀，加热至仪表显示锅内温度达到105℃，打开排气阀，将锅内气体排净（5 ～ 8分钟），然后关闭排气阀，继续加热升温。

⑤加热升温。对自动灭菌锅可提前设置灭菌程序，一般是121℃灭菌

30分钟。现在的灭菌锅一般是通电加热，老式的锅大多为外热源加热，如要采用电炉、煤气炉等加热，使温度不断升高。

⑥保温。温度升至121℃，保持该温度30分钟。

⑦自然冷却。保温结束后停止加热，自然冷却降温至100℃以下。

⑧开锅取物。拧开螺丝，打开锅盖。如果试管使用的是棉塞，可将锅盖与锅体错开一个宽约2厘米的小缝，依靠锅内蒸汽余热将棉塞和包扎纸烘干。取出灭菌物，试管要趁热摆制斜面。

⑨摆制斜面。在桌面上垫一个直径0.5～1厘米的木棍（可用筷子代替），将试管倾斜放在干净桌面上，使试管内的培养基形成自然斜面，斜面长度不超过试管总长度的3/4。等培养基冷却后，就自然在试管下部形成培养基的营养面。如果试管单个摆制斜面，则斜面会比较均匀（图3-5），也可成捆摆放（图3-6）。

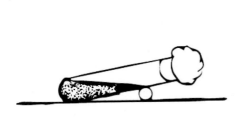

图3-5 单个摆制斜面

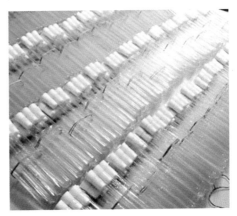

图3-6 成捆摆制斜面

（蔡胜舒 摄）

⑩趁热倒掉或排净锅内余水。对于不连续使用的灭菌锅，一批灭菌结束后，要倒掉或排净锅内的余水，用余热将锅体烘干。如果锅内长时间保持有水，会缩短灭菌锅的使用寿命。

⑪无菌检验。抽取10%的斜面，置于28℃培养箱中培养2～3天，若全部斜面均无微生物生长，则说明该批制作的斜面灭菌彻底，可放心使用。如果培养后有斜面生长微生物，则该批斜面不能使用，需重新制作。

2.羊肚菌多孢分离 常规的多孢分离方法是首先获得羊肚菌子囊孢子，然后让混合孢子萌发，获得两种交配型菌丝自然融合的菌丝体。由于子囊孢子为减数分裂的产物，在减数分裂过程中发生了染色体交换和重组，孢子后代会出现严重的性状分离，不同的多孢分离产物性状不一致，有些分离物性状优良，但也会出现性状差的分离物。因此，多孢分离获得的菌株不能直接用于规模化生产，要首先经过试栽，筛选到优质高产的分离物，再从子囊果经过组织分离获得潜在优良菌株。另外，在操作规范的情况下，可以将羊肚菌的子囊孢子直接弹射到固体培养基上，待孢子培养萌发后，再提纯获得多孢分离物（图3-7）。具体方法如下。

图3-7　羊肚菌子囊孢子直接弹射到固体培养基上

（1）获得子囊孢子　选择朵形圆整、无病虫害、头潮出菇、八至九分熟（菌盖凹坑展开）的子囊果，获取子囊孢子。羊肚菌获得子囊孢子有3种方法。首先，将菌盖剖开的羊肚菌断面朝上置于白色A4纸上，在阳光下照射弹射30分钟；刮取纸张上的孢子，镜检确认为羊肚菌子囊孢子。如果该方法不能获得孢子，则尝试第二种方法：将羊肚菌组织块悬挂于盛有少量无菌水的

图3-8　羊肚菌子囊孢子弹射装置

三角瓶内（保证弹射期间子囊果不干燥），室温条件下弹射过夜，镜检三角瓶底部是否有羊肚菌子囊孢子（图3-8）。若该方法仍然无法得到孢子，则可将羊肚菌组织块用无菌研钵磨碎，然后加入无菌水，采用无菌棉柱（注射器底部装入高约0.5厘米的脱脂棉）过滤，之后镜检滤液中是否有羊肚菌子囊孢子。

（2）孢子培养　用接种环取孢子悬浮液在斜面上划线，孢子萌发后菌丝体长在一起。取菌丝块转接新的斜面，25℃避光培养，观察记录菌丝满管时间、菌核产生时间、菌核数量与形态、产生色素多少与早晚等培养特征，选取菌丝生长快、菌核数量适中、产生色素少且晚的培养物用于栽培试验。

3.羊肚菌组织分离　组织分离是羊肚菌菌种分离的主要方式。理论上讲，组织分离获得的分离物可以直接用于生产，若再检验其分类地位、交配型和活力的话，则用于生产更有把握。要注意的是，每次组织分离要大量进行，

从数十个分离物中挑选无杂菌污染、菌丝生长快、产菌核适中、产色素晚的分离物用于栽培试验。组织分离法有鲜菇组织分离和干菇组织分离两种方法，其中鲜菇组织分离成功率高，分离到的菌株用于生产的风险更小；而干菇分离法不仅杂菌污染率更高，而且由于组织块老化，分离的培养物活力也不如鲜菇组织分离菌株。组织分离对无菌操作要求甚严，建议在洁净工作台或接种箱内进行。将分离所用到的手术刀、手术剪刀、尖嘴镊子（图3-9）、接种钩、平板、斜面等放在工作台内，开紫外线消毒半小时以上，之后关闭紫外灯，放入待分离的子囊果，打开风机，保持高风状态10分钟以上（图3-10）。操作前用75%酒精棉球（图3-11）擦拭双手消毒。操作时用火柴或打火机点燃酒精灯（不要用燃烧的另外一个酒精灯对燃），所有操作在火焰无菌区进行，分离结束后盖上酒精灯盖子，熄灭火焰（图3-12）。

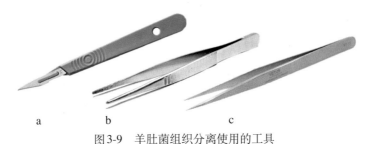

图3-9　羊肚菌组织分离使用的工具
a.手术刀　b.镊子　c.尖嘴镊子

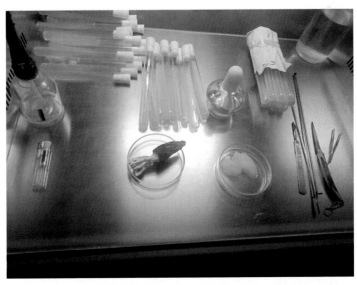

图3-10　在洁净工作台内进行羊肚菌组织分离（蔡胜舒　摄）

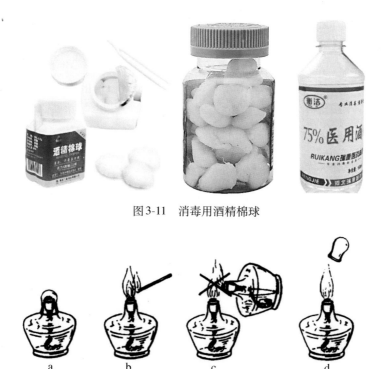

图3-11　消毒用酒精棉球

图3-12　点燃和熄灭酒精灯

a.酒精灯　b.点燃酒精灯的正确方式　c.错误方式（对燃）　d.熄灭火焰

（1）鲜菇组织分离

①菌柄组织分离。用于组织分离的羊肚菌子囊果要求第一茬菇、健壮、无病虫害、六至七分熟、朵形圆整、菌柄白色、颜色均一、周围幼菇或原基多等。组织分离前，切除菌柄基部带土的部分，用酒精棉球对菌柄进行表面消毒。选择菌柄中部、菌肉较厚的位置，剖开菌柄，用无菌手术刀在菌柄组织上轻划多个小格子（2～3毫米见方），然后用无菌尖嘴镊子撕下组织块，放到斜面或平板培养基表面。将菌柄撕开，然后用尖嘴镊子夹取菌肉中间的组织块（芝麻粒1/4～1/5大小即可），放入斜面或平板培养基的表面。若使用平板，每个平板可放组织块4～6块，呈均匀梅花状分布；若使用斜面，则每个斜面放一个组织块，可放在最上面。分离后平板倒置培养，斜面则正立培养。25℃避光培养3～4天后，可见组织块萌发形成的菌落。接种块萌发初期，少量菌丝形成，根根可见，随后菌丝量增大，形成圆形菌落，菌丝从纤细到浓密，平铺于培养基表面，匍匐生长，气生菌丝不明显（图3-13）。若无把握分辨羊肚菌萌发物，可继续培养2～3天，羊肚菌菌落将产生菌核（图

3-14)。挖取萌发菌落前端置于新的斜面内，25℃避光培养，观察分离物的生长状况，将菌丝生长快、产菌核适中、产色素少且晚的分离物挑选出来，挖取部分菌丝块置于20%无菌甘油管内，-20℃或更低温度下保藏，剩余培养物置于4℃冰箱保藏，生产使用前大批转管培养。

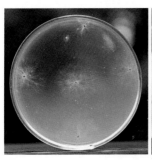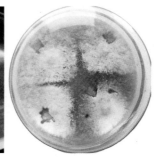

图3-13　羊肚菌组织分离培养3～4天形成的菌落　　　图3-14　组织分离培养6天的分离物

②菌盖组织分离。由于菌盖表面和内部着生的细菌、酵母菌和其他真菌较多，所以鲜菇菌盖组织分离污染率较高。种菇选择与菌柄组织分离。分离前，先用酒精棉球对菌盖进行表面消毒；然后，用无菌解剖刀将菌盖表面削去，露出内部菌肉部分；再用尖嘴镊子撕取火柴头大小的组织块（分离物越小，污染率越低），接种斜面或平板。其他操作同菌柄组织分离。

（2）干菇组织分离　干菇组织分离相对较难。种菇选择与鲜菇组织分离。种菇采摘后，削去菌柄基部。其他部分置于阴凉通风处干燥（不能晒干或烘干），然后置于4℃冰箱保存备用。分离在洁净工作台进行。提前灭菌准备如下物品：分装10毫升无菌水的塑料带盖离心管或小烧杯3～5个、75%的医

图3-15　干菇组织分离

用酒精、用50毫升三角瓶分装无菌水20毫升左右、用报纸包扎的吸水纱布或滤纸、空无菌培养皿和培养基平板或斜面，其他用具与鲜菇菌柄组织分离。分离时，用无菌刀切取1～2厘米见方的组织块，置于小三角瓶分装的无菌水中，浸泡15分钟左右，间歇摇动；将75%医用酒精倒入无菌大离心管或无菌烧杯中，用无菌镊子将前面浸泡开的组织块放入75%医用酒精中，准确计时2分钟消毒；消毒完毕后，用无菌镊子迅速将组织块取出，放在新的无菌水中浸泡（洗去残留的酒

精）；将清洗后的组织块置于无菌纱布或滤纸上，吸干水分；在无菌培养皿内或无菌滤纸上用锋利的解剖刀将组织块切成蚕卵大小的小块，置于平板或斜面培养基上进行培养（图3-15）。干菇分离的关键是75%酒精消毒时间的掌握，消毒时间过长容易将羊肚菌组织一并杀死；消毒时间不够，残留的杂菌微生物较多。可尝试摸索不同的消毒时间进行分离。其他操作同鲜菇菌柄组织分离。

　　4.母种转管和培养　人工分离获得的培养物，以及冰箱保藏的菌种体，在生产使用前必须大量转管扩大培养。羊肚菌母种转管采用接种钩挖块接种法。母种转管尽量不要超过3代，因此分离物要妥善保藏。母种转管一般在洁净工作台或接种箱内进行，严格无菌操作（图3-16）。无菌操作是在操作过程中，目标接种物不接触任何有菌环境的操作，因而也避免了杂菌污染。无菌操作包括培养基高压蒸汽灭菌、接种工具火焰灼烧灭菌等环节，操作在酒精灯火焰的无菌区进行。

图3-16　在洁净工作台内进行母种转管操作

　　微生物的无菌操作要经过专门训练才可以熟练掌握。一般每个斜面可转管20～30管，接种后贴上标签，写明菌株号及接种日期、接种员等信息。标签贴在试管偏上方（不被包扎物遮盖）的培养基背面，不耽误观察菌丝的生长状况。接种后的斜面成捆包扎，置培养箱内避光培养，温度不超过25℃。从第二天起，每天观察试管斜面接种物的生长状况，将污染管、生长缓慢管及其他可疑管剔除，而那些菌丝生长速度快、产菌核适中、产色素迟且少的培养物，具备潜在优良生产性状，可直接用于人工栽培（图3-17）。

图3-17　羊肚菌母种培养物
（蔡胜舒　摄）

　　5.菌种保藏　羊肚菌菌种保藏是创造低温、缺氧、营养缺乏等条件保藏菌种，控制羊肚菌菌丝细胞有丝分裂到最慢，从而降低其发生老化和退化的概率，使得优良性状得以保持。常用的羊肚菌菌种保藏方法有以下几种。

（1）斜面低温菌种保藏法　用于菌种保藏的斜面培养基，琼脂用量加到2.5%，试管装量增加50%，使试管底部有较深的培养基。接种菌种块，在菌丝刚发满时置于4℃冰箱保藏（图3-18）。棉塞最好换作乳胶塞，可以减少进入管内的氧气、增加保藏时间。该法保藏一般3～4个月传代一次，一般不要超过半年。

图3-18　斜面低温保藏羊肚菌菌种

（2）甘油管保藏法　在2毫升无菌保藏管内装入1毫升无菌20%甘油溶液。挖取羊肚菌菌丝块（直径约0.5厘米）带少量培养基放入甘油内，每管放3～4块。离心管盖好盖子，用封口膜封口后，置于-20℃或更低温度的冰箱内保藏，可保藏2年以上（图3-19）。

图3-19　菌种保藏的超低温冰箱和冻存管盒子

（二）羊肚菌原种与栽培种制作

羊肚菌菌种生产仍然沿袭担子菌的母种、原种和栽培种三级菌种体系。羊肚菌原种是母种接种原种培养基培养后形成的羊肚菌菌丝体、菌核和基质的混合物。原种生产的目的是扩大菌丝量，并使羊肚菌菌丝体逐渐适应麦粒和木质纤维素的营养基质。栽培种直接播种到土壤中进行羊肚菌栽培，是原种接种到栽培种基质内经培养而形成的菌种，包括羊肚菌菌丝体、菌核和栽培种培养基基质。羊肚菌规模化生产对菌种和外源营养袋的需求量很大，需要建设规范的菌种场和必备的生产设施以满足菌种生产的需要。

1. 羊肚菌菌种场建设　羊肚菌菌种生产场地应远离垃圾场、工厂、畜禽栏舍、仓库、作坊、农副产品集散地等可能对菌种生产造成污染的地方。要求交通方便、地势高、排水方便、地域宽广，要能保证水电供应。场房最好是砖石或水泥建筑，能密闭、隔热和保温，光线充足，能通风换气，要装有水电及暖气设施。室内外地面及排水沟必须用水泥或砖石铺设，以便清洗和消毒。有条件的菌种场，接种室、培养室门窗采用铝合金结构，地面用环氧树脂封闭、水磨面或地砖，内墙砌瓷砖或涂防水涂料，力求光洁无尘。根据羊肚菌菌种生产、示范栽培及产品销售等方面的需要，场房应包括仓库、制种、栽培、管理等四大功能区（图3-20）。

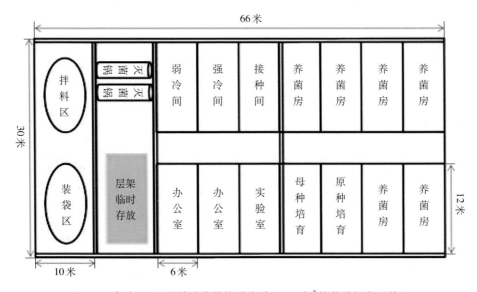

图3-20　年产1 000亩羊肚菌栽培种占地2 000米²的菌种场布局简图

（1）注意事项　菌种场规划时必须注意如下事项：

①原材料贮备区。羊肚菌原材料贮备区与制种生产区必须隔离而设。麸皮、糖、石膏、腐殖土等辅料应放在密封、防鼠性能好的室内。材料包括塑料薄膜、塑料袋、遮阳网和常用器材、工具等，应分门别类地排放于仓库内；易碎瓶罐量大，可在库房设堆叠处。

②菌种生产区。包括配料区、装瓶装袋室、灭菌室、冷却室、接种室、培养室等。其中冷却室、接种室需要无菌条件，各室贯通一起，成为清洁的独立区域。此外，试管、菌种瓶等需要洗刷，拌料装袋需用电机。因此，配料及装袋区必须设水、电源、洗涤池、排水道，力求布局合理，使用方便。可搭建4.5～6.0米高的彩钢钢架车间用于配料和装瓶装袋。冷却室、接种室为无菌区。灭菌锅最好设双门，一扇门与有菌区相通，以便装锅灭菌；另一扇门与无菌区相通，以便出锅降温，两侧锅门不能同时打开，以保证无菌区的洁净。冷却室要有通风、降温、除湿装置。标准的冷却室分为弱冷区和强冷区，使灭菌结束后的菌包彻底冷后接种。接种间可根据资金实力配备接种箱、超净工作台或层流罩流水线接种。培养室内设多层培养架，除人行及运输过道外，有暖气或空调设备，占地面积为培养室总面积的65%。若每天生产20 000袋菌种，大概需冷却室40米²、接种室10米²、培养架面积200米²。其次，标准的菌种厂需配备冷库，用于成品菌种的短期贮存，以缓解菌种老化，避免后期污染或抑制出菇。

③栽培区。进行出菇试验、品比和示范栽培。室内栽培场最好能人工控制温度和湿度，室外试验场可用塑料大棚、阳畦矮棚或拱棚进行栽培。应离菌种生产车间稍远，尤其不能与接种室、培养室和菌种库相邻。此外，需设废料及出菇垃圾处理区。

④管理区。应该安排办公室、销售室、展示室、化验室、食堂、浴室、公厕等区域远离制种区，以防污染。

年产500亩栽培规模羊肚菌菌种场，最少需要摊晒场（堆料场）300米²、原材料库200米²、配拌料区150米²、分装区120米²、灭菌及周转区200米²、冷却室50米²、接种室20米²、培养室500米²、低温储存室40米²、检验室20米²、出菇试验场300米²、人工气候室50米²（出菇试验）。

（2）主要设备　500亩规格的羊肚菌菌种场需要购置的主要设备如下（图3-21）。

①灭菌设备。手提式高压蒸汽灭菌锅1台（0.2万元），高压蒸汽灭菌锅1台（50米³规格，一次可灭菌14 000～16 000袋，一天两灶，需20万～30万

元），周转筐若干。

②原料粉碎机。木材切割机1台，枝条粉碎机（同时可粉碎秸秆类原料）2台，约2万元。

③搅拌机。1台，需0.5万～5万元。

④装袋机。小型装袋机2～4台或全自动大型装袋机1台，装瓶机1台，封口机4台，约10万元。

⑤接种箱、超净台或层流罩流水线。自制接种箱5只或超净台2台，约2.5万元，或购置层流罩流水线一条，3万～5万元。

⑥培养设施。制冷机2台（弱冷间、强冷间），空调10台（养菌房），生化培养箱1台，恒温培养箱2台，培养架500米^2，约需25万元。

⑦菌种储存设施。冰箱2台约0.8万元，40米^{2}常规冷库一座。

⑧其他生产设备。铲车、臭氧发生器、温湿度记录仪、二氧化碳测定仪、传送带等，连同各种安装费用，约需10万元。

| 搅拌机 | 水平式装袋机 | 垂直冲压式装袋机 | 卧式电加热高压灭菌锅 |

| 卧式蒸汽高压灭菌柜 | 常压蒸汽灭菌包 | 接种箱 | 洁净工作台 |

| 生化培养箱 | 培养架 | 磁力搅拌器 | 液体菌种培养罐 |

图3-21 羊肚菌菌种场需要配置的部分设备和设施

2. 羊肚菌原种生产 目前使用最广的羊肚菌原种培养基为以麦粒、木屑为主的固体基质，使用750毫升原种瓶为容器，接种母种菌丝块后培养获得。此外，也可使用枝条菌种和液体菌种。原种培养基配方（质量分数）为：木屑77%、小麦10%、腐殖土10%、生石灰1%、石膏2%。木屑提前堆制处理后再使用，效果更好。小麦去杂后加水浸泡24小时左右，沥干水分后拌入其他物料，装瓶。物料装至瓶肩，上下松紧一致，擦净瓶口残余料后，加棉塞封口或采用封口膜封口，然后置于灭菌锅121 ~ 125℃高压灭菌2.5 ~ 3.0小时。原种培养基必须高压灭菌，常压灭菌常会发生隐性污染。待温度降至室温（25℃以下）时，方可进行随后的接种作业。接种在洁净台或接种箱内进行，提前将母种斜面、原种瓶、接种工具、酒精棉球、酒精灯、标签纸、记号笔等放入洁净台或接种箱内，开紫外线照射30分钟或采用气雾消毒盒消毒。

接种时，需两人配合作业，分别坐于接种台两侧，一人负责钩取母种，一人负责打开原种瓶盖子和再封闭盖子，协同作业。接种时要注意用酒精棉球擦拭接种人员的双手消毒，火焰灼烧接种钩或接种锄，母种试管和原种瓶口不要离开酒精度火焰无菌区（图3-22）。要确保接种量足，16毫米×160毫米的试管母种，每支接种原种6瓶；18毫米×180毫米的试管母种，每支可接7 ~ 8瓶。接种后搬到原种室培养。要保持室内避光、清洁、空气流通和干燥，培养温度控制在20℃左右，一般12 ~ 14天可发满瓶（图3-23），16 ~ 20

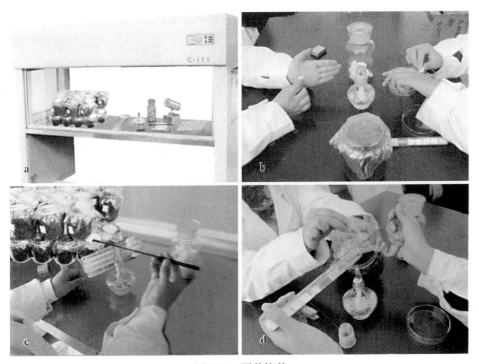

图3-22　原种接种

a. 接种前准备　b. 消毒处理　c. 接种工具灭菌　d. 火焰无菌区接种

天可用。培养期间要经常检查原种瓶内菌丝生长情况，剔除污染瓶和菌丝生长慢的异常菌种。合格的羊肚菌原种应该菌丝生长均匀、迅速，无污染，在瓶肩部或料与瓶的缝隙处产生菌核，菌核初期白色，后期为金黄色至浅褐色的颗粒状（图3-24）。原种发满后要尽快使用，不可长期存放。

图3-23　培养中的羊肚菌原种　　　图3-24　培养结束的羊肚菌原种

3. **羊肚菌栽培种生产**　常用的羊肚菌栽培种配方为（质量分数）：木屑54%、小麦33%、腐殖土10%、生石灰1%、石膏2%。木屑提前堆制成红棕色的颗粒状效果较好，也可用粉碎玉米芯和其他农作物秸秆粉部分代替。配制时，小麦等的处理与原种相同。塑料袋选用14厘米×28厘米的聚丙烯菌种袋（常压灭菌可以使用聚乙烯菌种袋），每亩栽培种用量280～300袋，生产按每亩320袋核算。物料可用搅拌机拌料，用装袋机装袋（图3-25）。装袋后

图3-25　采用大型装袋机装袋（张亚　摄）

擦净袋口余料，插入接种棒（菌签），用封口盖封口（图3-26）。塑料袋装入
周转筐（图3-27），高压灭菌121～125℃维持3～4小时，常压灭菌100℃维
持24～36小时（图3-28）。

图3-26　栽培种料袋封口

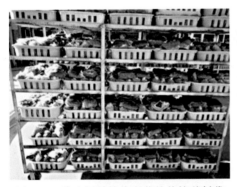

图3-27　装入周转筐待灭菌的栽培种料袋

图3-28　高压蒸汽灭菌柜

灭菌后的料袋及时移入冷却室冷却（图3-29）。冷却室应保持清洁卫生和
干燥，特别要防止地面发生扬尘；尽量减少人为搬动，可以有效地减少污染
的发生。接种前，将一定量待接种的冷却下来的料袋移至接种间（图3-30），
将菌种移至接种间超净工作台附近，打开臭氧消毒机进行空间消毒30分钟。
打开接种间空调，确保温度在20℃左右。将接种勺、酒精灯、75%酒精棉球、
打火机、记号笔等接种用具放入超净工作台，打开超净工作台紫外灯，紫外
线消毒30分钟。关闭紫外灯，打开风机。接种人员5个人一组，更换实验服，

整理好衣帽，佩戴口罩，洗手后进入接种间，其中4个人两两一组，每组中一个人掏菌种至待接种的料袋内，另一个人开料袋待菌种放入后封口，第五个人进行搬运菌种和待接种的菌种及写标签等工作（图3-31）。接种量掌握在一瓶750毫升原种接种50～55袋栽培种。所有的操作需尽可能轻盈，减少不必要的动作，确保菌种在空间内的暴露时间最短，所有的操作尽可能接近酒精灯火焰。

图3-29　灭菌后的料瓶（袋）在冷却间冷却

图3-30　冷却后的料瓶（袋）通过传送带输送到接种间

图3-31　栽培种接种

接种后的菌袋及时转移至发菌室进行发菌管理。发菌室要求洁净、控温控湿、避光、有可控的通风口，以层架式为宜（图3-32）。栽培种发菌温度控制在20℃左右，一个批次的原种（栽培种）从进入培养室到成品运出培养室至少要进行3～5次的质量检查，其中至少要有两次的逐一检查。通常情况是，培养2～3天，初步检查一次，查看菌种的萌发、封面、吃料情况；第二次检查在菌丝长至瓶子或袋子的1/4～1/3，此时需要全面排查一遍，检查菌丝的浓密程度、菌丝一致性，是否有杂菌产生，剔除发菌不均一、发菌速度慢和污染的菌种；第三次为菌种生长至3/4～4/5时，也是全面排查检查，顺便将菌种进行翻堆，增加菌种间的空气流通，主要检查菌丝长势、浓密程度、菌核生长情况、菌丝的颜色等感观，同时仔细检查是否有杂菌发生，剔除劣质及污染菌种；第四次为菌种长满的1～2天后，全面检查、统计菌丝长势，安排后续实验或转入冷库保藏。菌种长满后要及时使用，对于实际生产中来不及使用的菌种，务必存放在4～10℃的低温环境，原种、栽培种保藏的时间最长不超过2周（图3-33）。

图3-32　发菌中的羊肚菌栽培种　　　　图3-33　发菌结束的羊肚菌栽培种

（三）外源营养袋生产

使用外源营养袋是羊肚菌人工栽培的特色。由于播种后的气温不同，施加营养袋的时间也会略有不同，一般在播种后7～20天施加，每亩1 600～1 800袋。羊肚菌规模化栽培使用的营养袋量大，一定要科学规划制作外源袋的时间，一般播种后即着手安排营养袋的制作事宜。外源营养袋配方可以与栽培种配方相同，但各地也可以根据本地的资源优势灵活调整。常用的营养袋配方（质量分数）为：稻壳33%、木屑33.8%、小麦30%、生石灰1%、石膏2%、磷酸氢二钾0.2%，采用12厘米×24厘米的聚乙烯塑料袋分装培养料。现在有的栽培户使用（13～15）厘米×48厘米的塑料袋，然后营养袋的使用个数减半。使用更粗更长的塑料袋制作营养袋，便于机器装袋。然而，一定要注意的是，使用更粗的营养袋可能会造成袋内基质的养分不能被有效地吸收利用，从而造成资源浪费。营养袋制作的原材料处理和原种与栽培种相同。各物料混合后，含水量控制在60%～65%。装袋以松散为宜，装袋后料袋两端用线绳或扎口机封口，装入蛇皮袋后进行高压或常压灭菌，高压灭菌与栽培种灭菌方案相同，常压灭菌100℃维持36～48小时，自然冷却后出锅待用，装在蛇皮袋内运输（图3-34）。

图3-34　灭菌后的外源营养袋

a. 灭菌后冷却中　b. 外源营养袋装入蛇皮袋内运输

四、羊肚菌林下栽培

羊肚菌林下栽培是指在人工或自然杨树林、泡桐林、槐树林、榆树林等林下栽培羊肚菌。该栽培模式的优势：①降低生产投入：林地的租金更低，林木的存在便于搭建遮阳棚，每亩可节省成本至少500元；②土壤肥沃：林下土质通常腐殖质含量丰富、疏松透气，可提高羊肚菌栽培的产量；③林下环境优越：林内风力较小，土壤、杂草、树木的蒸腾作用产生的水气可以很好地在林内聚集，林下空气湿度较大，有助于羊肚菌茁壮生长；④菌林互利：林下种植羊肚菌，林木生长速度可增加10%。

（一）生产季节选择

羊肚菌属于中低温型食用菌，不同地区的栽培季节要根据当地气候变化做适当调整。在中原地区，通常选择每年的11月上旬至12月上旬，当环境最高温度下降到20℃以下的时候开始播种。以驻马店市为例，驻马店市2014—2015年度全年气温走势见图4-1，可以看到2014年10月底后将没有长期的高温天气，可以进行羊肚菌播种。然而，考虑到最早出菇时间

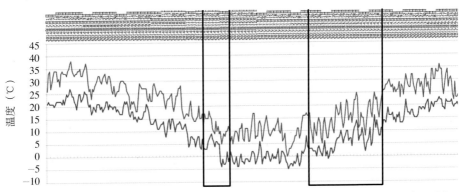

图4-1 驻马店市2014—2015年度全年气温走势（蓝色为最高温度，红色为最低温度）

是播种后30天左右（温度适宜情况下），为了避免在冬季低温来临之前或偶尔的冬季短时间高温天气造成提前出菇，可延后播种时间至11月中旬至12月上旬（图4-1左方框区间）；后期温度逐渐降低，最迟播种时间不应晚于12月中旬。

　　播种后1～2周，当羊肚菌菌丝长满土层表面时，开始施加外源营养袋。12厘米×24厘米的外源营养袋，15～20天可发满。随着温度逐渐降低，转入低温保育阶段。到翌年立春之后，气温逐渐回升，当环境温度升至5～10℃时撤去外源营养袋（现在一些栽培户不撤袋），进行催菇处理。以驻马店2015年春季为例，2月8～10日为最佳催菇时间，催菇后温度继续回暖，7～10天将发生原基，2月下旬至2月底可见明显的原基。地温6～12℃是最佳长菇季节，一般在4月中旬生产结束，长菇期1个月左右（图4-1右方框区间）。我国不同地域因温度差异较大，羊肚菌播种时间一定要根据当地具体的气候变化来安排。

（二）土壤的选择

　　按照质地划分，我国的土壤可分为沙土、黏土和壤土三大类。沙土质地松散、粗粒多，通透性好，但土壤养分含量少，不保水保肥；黏土的有机质含量高，保水、保肥性能强，养分不易流失，但通透性能差；壤土的通透性、保水保肥能力以及潜在养分含量介于沙土和黏土之间（图4-2），是羊肚菌栽培的最适宜土壤。

图4-2　沙土、黏土和壤土

a.沙土　b.黏土　c.壤土

　　一般认为，农林作物长势较好的土壤都可以用于栽培羊肚菌。然而，一方面要认识到极端的土壤，如pH高于8.5的土壤栽培羊肚菌有风险；另一方面，沙土、黏土和壤土栽培羊肚菌，其栽培管理（主要是水分管理）还是存在着较大的差异。对于沙土，通透性好，但是养分少、保水性差。这样的土壤栽培羊肚菌，即使漫灌也不会造成水菇；但由于水分易挥发，需要多次进行水分管理，特别在原基分化期和幼菇期，若水分管理时水珠落到原基和幼菇上，容易伤害羊肚菌，影响其发育。因此，一定要避免多次水分管理对羊肚菌的伤害，滴灌或雾化较为理想。需要注意的是，由于沙质土养分少，可适当增加外源营养袋的使用量以提高羊肚菌的产量。对于黏土，虽然有机质多、保水性好，但由于通透性差，在水分管理时不宜漫灌和沟内长时间积水，而应少量多次喷灌，使水分缓慢渗透到土壤中。漫灌和长时间沟内灌水，容易造成土壤中缺乏氧气，羊肚菌菌丝细弱，从而造成水菇。黏土由于有机质高，科学管理容易获得高产；由于保水性好，可大大减少水分管理的次数，如土壤调好水分后播种，覆盖塑料薄膜，基本上到催菇时不会出现土壤缺水的情况。催菇宜采取滴灌或微喷的方式，避免水菇出现。壤土介于沙土和黏土之间，兼顾二者的优点，为最适合栽培羊肚菌的土壤，管理方便，易获高产。

（三）栽培模式选择

由于羊肚菌栽培季节正是冬季和初春，多数林木尚未成荫，因此羊肚菌林下栽培还必须搭建遮阳网遮阴。羊肚菌林下栽培主要有平棚模式（高度1.5～2.5米，图4-3）和拱棚模式（高度不低于2米）。一般认为，较高拱棚由于内部空间大，保温效果更好，也便于生产管理；但保湿效果稍差，管理上一定要注重细节，区别对待。在羊肚菌原基分化的关键时机，如果拱棚难以有效保湿，还可以在拱棚菇畦上覆盖薄膜，或再搭建小拱棚。

图4-3　羊肚菌2种林下平棚栽培模式

a.林地平棚模式　b.林地平棚小拱棚模式

值得注意的是，遮阳网平棚的搭建是个很费时、费工的工作。在春季多风、干燥的北方地区，遮阳网平棚会被吹开、吹倒，平棚的维护也是个很麻烦的事情。此外，平棚内部如果不再设立小拱棚，在原基分化和幼菇发育阶段，难以保持羊肚菌需要的空气相对湿度，土壤的水分挥发也会加快。因此，北方地区羊肚菌林下栽培，建议采取平棚小拱棚或拱棚模式。南方采取平棚模式生产，如果平棚内部难以维持羊肚菌原基分化和幼菇发育所需的空气相对湿度，也需要在畦面上搭建小拱棚。遮阳网拱棚（不使用塑料薄膜）通风好，但棚内需要比较完善的滴灌或雾灌设施，否则在原基分化和幼菇发育阶段，很难保持所需的空气湿度。经验表明，维持棚内湿度还是以土壤水分蒸发形成的自然湿度为主，靠人力增加湿度，往往难以达到预期的效果。另外，采用喷灌带进行土壤补水或增湿的时候，喷灌带以不长于30米为宜，若过长，则难以均匀补水，往往出现近水源端水分过大、远离端水分不够的情况。就土壤补水的效果来说，滴灌效果更好。

（四）栽培技术

1. 选地与耕地

（1）选地　选择交通方便、地面平整、树木纵横规整的林地，杨树林、泡桐林、法桐林、槐树林、桦树林等均可用于羊肚菌种植。要求树木主干可以承受遮阳网的搭建，而且能满足遮阳网净空高度最低为2米的要求。土壤以壤土为好，腐殖质含量高，并具有一定的保水性和透气性。另外，要求近水源。水渠、河流、湖区或水井均可作为水源。要求排水方便，防涝抗旱。

（2）林地处理　播种前一个多月，林地提前除草。可使用除草机或收割机除草，但不能使用除草剂。除草后将残草清理出去。除草后，按照每亩地75～100千克的用量，施撒石灰粉，可有效杀灭或驱赶大部分昆虫，并适当调节土壤的酸碱度。

（3）灌水　如果林地土壤缺水，在翻耕和开沟前对林地灌溉一次。水渗透后晾晒5～7天，地不黏后进行翻耕和开沟。如果林地土壤缺水不严重，也可在播种后进行灌水或喷水，补充土壤水分。一般认为，土壤先调好水再播种，比播种后再调水的效果更好。

（4）翻耕及开沟　在树行间按照长轴走势使用旋耕机进行耕地（图4-4），耕地深度25～30厘米。耕作完成后，按照树木的行距规划开沟，沟宽20～25厘米，深约20厘米，土壤畦面宽0.8～1.5米。也可不提前开沟。林地翻耕后，打碎大的土块，适当平整地面，然后直接播种，将菌种小块撒在土壤表面，随即用小型开沟机按照特定畦面宽度开沟（图4-4），土翻向两边覆盖菌种；对于覆盖不严的地方，再人工覆土。

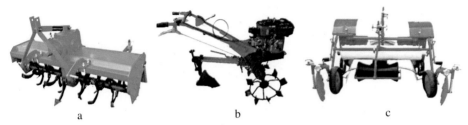

图4-4　羊肚菌栽培使用的部分机械
a.旋耕机　b.开沟机　c.铺膜机

2.播种与覆土　菌种使用量约150千克/亩，过多增加成本，也不会有效提高产量。将菌种剥去袋子后，捏碎至直径1.0～1.5厘米大小的菌种块（图4-5）。大规模生产时可使用菌种粉碎机处理，平均每小时可粉碎3 000～6 000袋菌种（图4-6）。粉碎的菌种若过于干燥，可用0.1%～0.5%的磷酸二氢钾溶液拌料，预湿至含水量至65%～70%，以备下一步播种使用。

图4-5　手工处理菌种　　　图4-6　使用菌种粉碎机处理菌种

羊肚菌播种主要有撒播和条播两种方式，其中在规模化栽培中主要采用撒播。播种时，将处理的菌种块均匀地撒在土壤表面，然后用钉耙在厢面上抖土深约10厘米，使菌种和厢面上的土壤混合，确保70%～80%的菌种被土覆盖（图4-7）。覆土也可使用小型旋耕机或小型冲沟机进行，辅以人工覆土。使用旋耕机时，在撒好菌种的厢面或地面上旋土10厘米，将菌种和土层混合。使用旋耕机可比纯人工快15～20倍，每天每人可播种15～20亩。播种后，覆土不宜过厚，覆土过厚会影响菌种萌发和菌丝覆面，只要土壤能覆盖住大部分菌种即可。

图4-7　人工播种与覆土（蔡胜舒　摄）

　　菌种条播时，根据树行间距和畦面的宽度，首先按照长轴走向，在厢面上以30～40厘米的间距开V形沟槽，沟槽宽10～15厘米，深8～12厘米；然后按照菌种使用量，将处理后的菌种均匀地撒在沟槽里；之后用厢面上的土回填平沟槽，转而进行后续的覆膜操作（图4-8）。播种要注意的是，菌种处理后要尽快播种，播种后要尽快覆土，不然会造成菌种块失水而导致活力下降，引起萌发慢和蔓延无力。

图4-8　羊肚菌条播

3.覆膜　覆膜是指羊肚菌播种后，在畦面上覆盖一层白色或黑色地膜的生产管理技术。覆膜是羊肚菌人工栽培的一大技术创新，促进了羊肚菌栽培在我国北方地区的发展。覆膜栽培技术的优势有保湿和防涝、避光和抑制杂草、加快积温、促进出菇、控制菌霜过度生长、增进栽培生产的灵活性、定向出菇、节约成本等。目前，羊肚菌人工栽培选用较多的为黑色透光地膜，经济实惠。覆膜可手工覆膜（图4-9），也可采用铺膜机（图4-4）进行。铺膜后，在膜两边每隔50厘米压上一个重物，防止地膜被风吹起，也达到适当透风、降温的目的。为节省人力成本，林地栽培一般在施加外源营养袋以后再架设遮阳网平棚或小拱棚。也就是说，播种后畦面覆盖黑色地膜，直接面对着阳光的照射，容易造成膜下高温，影响菌种块萌发和菌丝覆膜。因此，林下栽培要适当推迟播种时间，地膜两端的压土也不能过于稠密。

图4-9　人工覆盖黑色透光地膜（刘涛　摄）

4.施加外源营养袋　通过施加外源营养袋向土壤中的羊肚菌菌丝网络补充营养，是羊肚菌大田栽培的一大创举。施加营养袋时，播种到土壤中的菌种块已经萌发，菌丝开始蔓延，土壤中初步形成了羊肚菌菌丝网络。这一阶段羊肚菌主要吸收利用的是土壤中和菌种体里面残存的养分。将外源营养袋施加到土壤中，与已经形成的羊肚菌菌丝网络接触，羊肚菌菌丝逐渐蔓延进入营养袋，充分利用袋内的营养生长，并将菌丝内积累的养分回传到土壤中的菌丝网络中，大大增加菌丝网络的菌丝和菌核中储存的营养，进而后期源源不断地供给羊肚菌原基分化和幼菇发育使用，从而保证羊肚菌栽培的稳产和高产。如果不使用外源营养袋补充营养，则人工栽培羊肚菌产量会很低或不出菇。

施加外源营养袋的时间为播种后7～20天，此时，土壤内部羊肚菌菌丝体充分蔓延形成菌丝网络，土壤表面形成一层白色的菌霜（图4-10a）。施加外源营养袋时，去除地膜一边的土块，将地膜掀开后顺在畦面的另一边；将灭菌冷却的外源营养袋按照每亩1 600～1 800个的使用量施加，袋子侧边用刀划口或用钉排（图4-10b）打孔口，划口和孔口边朝下，扣在已经长满菌丝的菌床上（图4-10a），再将地膜还原覆盖。营养袋间隔20～30厘米，行距30～40厘米，密度4～5个/米²，呈梅花状排列。适当加大外源营养袋的用量，可使羊肚菌栽培增产，因此自己制作营养袋，可加大使用量至每亩2 000袋左右。

图4-10　摆放外源营养袋

a. 摆放的外源营养袋　　b. 营养袋打孔的钉排

5. 架设遮阳网平棚　考虑到北方风大，遮阳网平棚维护比较麻烦，一般北方羊肚菌林下栽培时，遮阳网平棚都是在催菇前（立春后）架设起来。施加外源营养袋后，复原畦面覆盖的黑色透光地膜，然后将待搭建平棚的遮阳网覆盖在地膜上，两边和中间稀疏压上重物，防止大风将遮阳网吹起。地膜上覆盖遮阳网，利于保温和保湿。在催菇之前，再将遮阳网平棚搭建起来。

遮阳网宽度的定制可参考树林行距，如行距为4米的树林，订购宽度为标准4米的遮阳网即可。搭建平棚的操作：①拉线：沿着树行，同排树木在离地2.5～3.0米的高度拉铁丝，每行树拉一行铁丝，铁丝规格8号或10号，确保可以承受遮阳网的重量；②制作挂钩：用10号铁丝，制作"8"字形、反向开口的回形挂钩；③固定遮阳网：挂钩的间距为1米左右，一端挂在遮阳网的边上，另一边吊挂于前面拉好的铁丝上，用以固定遮阳网；④围墙制作：沿着林地四周，用遮阳网固定成高2.5米的围墙，围墙下端用泥土压实，上端用细竹竿卷起遮阳网，固定于围墙经过的树干上，避免牲畜等进入棚内践踏菌床（图4-3）。特定位置预留门洞，便于出入。

遮阳网平棚主要起到遮光、降温和适当保湿的功能。遮阳网较密，平棚较高，降温的效果更好。北方种植羊肚菌，一般单纯依靠平棚，难以保证羊肚菌在原基分化和幼菇发育阶段对空气相对湿度的需求，因此要求在平棚内畦面再架设高度小于50厘米的小拱棚。小拱棚可采用黑色或白色地膜覆盖骨架（图4-3b）。

6.发菌期管理 播种后至出菇前的这段时期为菌丝生长阶段，该阶段管理为发菌期管理，时间段一般是11月至翌年的3月初。该阶段管理的主要目标是使羊肚菌菌丝体大量生长，充满表层20～30厘米厚的土层。使菌丝体菌核化，菌丝和菌核细胞内部储存大量营养物质，为出菇奠定良好的物质基础。该阶段的管理主要是水分、温度、空气、虫害、杂菌、风灾、雨雪等方面的管理。

由于播种后畦面土壤表面一直覆盖着地膜，在催菇前一般不需要特定的水分管理。但是，对于含沙量较高的土壤，再加上播种前浇水较少、覆盖的地膜压得过稀等原因，可能会造成土壤缺水。对于缺水的土壤，要在上冻前补充一次水分。可采取往沟内灌水、揭开覆膜往畦面土壤微喷补水，或不揭膜直接往覆盖薄膜上喷水，使水分流到沟内慢慢渗入土壤等方式。

搭建小拱棚或土壤覆盖地膜、地膜上再覆盖遮阳网的方式，一般不需要特定的温度管理。但是，如果播种早或气温高，造成膜下或棚内畦面近地表面长时间温度高于25℃，要及时掀膜通风降温。此外，对于黏土、地膜覆盖较严的，也可在地膜上每隔30厘米左右打一个孔，孔径2～3厘米，这样就避免了温度过高、湿度过大等对发菌的危害。

有时候由于土壤表面过于潮湿，在发菌期间会出现土面气生菌丝过于旺盛、浓密的菌丝在土壤表面大量生长的情况（图4-11），需要加强通风排湿。另一个问题是土面分生孢子过多，畦面雪白一片（图4-12），多由于土壤过湿引起。可加大通风力度、减少表土的含水量进行改善。

图4-11 土面气生菌丝生长过旺　　　　图4-12 土面分生孢子形成过多

7. 催菇管理 一般在播种后1个月以后，营养袋明显变轻，最低温度高于3℃，未来7～10天的气温呈上升趋势，此时可以进行催菇管理，促使菌丝扭结形成羊肚菌原基（图4-13）。常用的催菇措施如下。

（1）营养刺激 当外源营养袋明显变轻，说明其中的营养已经转移到土壤的菌丝网络内，可撤袋。撤去营养袋对土壤内的菌丝造成机械刺激和营养刺激，利于原基的形成。由于播种过晚，或由于营养袋过长、过粗，或袋料含水量过大等原因，会造成营养袋中的营养难以被有效利用，因而很多栽培户在整个生产管理期间不进

图4-13 原基分化阶段

行撤袋处理。不撤袋除了不利于催菇以外，在晚期还会滋生害虫。撤去的营养袋剥去外膜，收集袋料，晒干后妥善保存，可供翌年再度使用。

（2）揭膜 出菇前10～20天揭去覆盖的地膜。如此时原基或幼菇已经在地膜下形成，揭膜应缓慢进行，避免因突然揭膜造成温差、空气湿度剧烈变化，引起原基或幼菇夭折。可行的操作是先在薄膜上打孔，使薄膜下小环境与大环境逐渐接近，3～5天后，再揭开地膜。整个操作过程要确保空气湿度维持在85%～95%。

（3）水分刺激 采取微喷或喷灌浇水，至畦面15厘米厚的土壤完全湿透，可大水操作2～3遍（图4-14）。也可往沟内灌水，保持沟内有水24小时，水渗进土壤。尽量不要大水漫灌，特别对黏土，大水漫灌容易造成水菇。浇水后1～3天可见针尖状原基（若温度较低，可能会在水分刺激后2周左右现原基）；3～5天后，可见球形原基。

图4-14 林地栽培的微喷灌溉

（4）湿度控制 保持空气相对湿度85%～95%，土壤含水量25%～30%。对于北方地区来说，原基分化期间，保持近地面的空气相对湿度在80%以上是高产稳产的关键，也是管理的难点。原基发生前后，地表空气相对湿度保持不住，前面的催菇工作没有意义；原基发生时，地表水分过大，土壤通气性变差，原基仍不会发生。打催菇水后，可以考虑在畦面上架设小拱棚（图4-15）。采用毛竹片、细竹竿、直径6～8毫米钢筋或玻璃纤维作拱杆，弯成弓形作骨架，上面覆盖白色或黑色透明薄膜或地膜，薄膜两边

用土块稀疏压住，做成高50厘米左右的小拱棚。采用小拱棚等设施栽培，基本可以满足原基分化对空气湿度的需求。对于较高的拱棚，若不能满足原基分化对湿度的需求，则要通过少量多次空间喷雾的方式补充湿度需求，但要尽量避免将水珠直接喷到原基上。架设小拱棚后，在管理过程中要注意拱棚内部

图4-15　羊肚菌平棚下小拱棚栽培

高温。若出菇期间温度超过20℃，要适当掀起小拱棚两端的薄膜降温。

（5）其他管理　10℃以上的温差刺激、掀膜增加光线和氧气刺激等均有利于原基的分化。对于常规手段催菇仍然无法诱使原基形成的生产，可能是由于菌种不对路或菌种老化和退化等原因所致。其他极端催菇的措施还有通过践踏畦面土壤造成机械刺激等。

8.出菇管理　原基分化为幼菇期间（图4-16），尽量保持近地面小环境的稳定性，保持温度6～15℃、空气相对湿度85%～95%、土壤含水量25%～28%、均匀明亮的散射光照等，避免大通风等造成温度、湿度等较大波动，不要直接朝原基喷水。关注天气预报，如果有倒春寒气温降到0℃以下的情况，务必通过加盖稻草或塑料薄膜进行抗寒。高1.5～3.0厘米的小菇形成之后（图4-17），保持空气湿度不变，降低土壤含水量至20%～25%，适当提高棚内温度（不能超过20℃），加快小菇至成菇的生长发育速度。后期的幼菇快速生长阶段（图4-18），保持地温12～16℃，空气相对湿度80%～90%，增加土壤含水量至25%～28%，增加棚内空气流通速度，可促进羊肚菌的快速生长发育。子囊果成熟阶段（图4-19），降低空气湿度至70%～85%，降低土壤湿度，增加空气流通速度。成熟的子囊果一定要及时采摘，避免羊肚菌过熟，菇肉变薄，影响品质。

图4-16　原基发育为幼菇阶段（马琳静　摄）

图4-17　幼菇阶段

图4-18　幼菇快速生长阶段

图4-19　成熟待采摘的梯棱羊肚菌

（李宾　摄）

9.采收　当羊肚菌的子囊果不再增大、菌盖脊与凹坑棱廓分明、肉质厚实、有弹性时，即为成熟。成熟的羊肚菌子囊果须及时采摘，不然极易造成羊肚菌过熟，菇肉变薄，孢子迅速弹射，菇体倒伏，菇香降低，商品质量严重下降，烘干后成为胶片菇（图4-20）。采摘时，在子囊果菌柄近地面，用锋利的小刀沿水平方向切割摘下，放入干净的框或篮中（图4-21）。采摘时保持摘菇的手干净，避免泥土沾染在子囊果特别是菌柄上，影响后期的商品性状。羊肚菌采收后，也要及时将留在土里的菌柄基部残余清理出来，集中处理。这样既利于附近土壤发生羊肚菌新的原基，也可避免菌柄基部滋生马陆等害虫。

图4-20　过于成熟的羊肚菌子囊果

（王文升　摄）

图4-21　采摘的新鲜羊肚菌

（王文升　摄）

五、羊肚菌设施大棚栽培

羊肚菌生长发育需要的最适空气湿度为80%～95%，温度范围在4～20℃，低于0℃将处于停滞状态，环境温度长期高于25℃将不再有新的羊肚菌发生。然而，我国北方地区的突出气候特点是冬季严寒、风雪较大，春季气温多变、升温较快、少雨干燥且多大风，因而不具备羊肚菌人工栽培的自然气候条件，唯有借助设施辅助，才能创造满足羊肚菌生长发育所需的环境条件。此外，北方地区在长期的农业结构调整中，遗留下了大量的设施蔬菜大棚资源，直接或稍加改造后就可用作羊肚菌生产的设施。近年来，北方地区借助于设施蔬菜大棚进行羊肚菌种植取得了显著突破，特别是在相对稳产高产方面具有自然环境影响不可比拟的优势，亩产300～350千克（鲜菇）的案例比较常见，相对高产的案例大多发生于北方设施大棚栽培。同时，设施大棚栽培羊肚菌可实现12月至翌年2月的产品提前上市，或实现5～7月产品延后上市（也称为错季栽培或反季节栽培），补足市场鲜品需求，从而可以获得高额利润。这是南方地区利用自然气候条件栽培羊肚菌所不具有的优势。

本章主要叙述设施大棚的种类、选择与升级改造，以及不同设施大棚栽培羊肚菌技术。除了本章侧重描述的设施蔬菜大棚以外，现有的栽培方案中还有简易蔬菜大棚、塑料小拱棚等变通模式。用这些设施栽培羊肚菌的栽培过程和管理技巧与设施蔬菜大棚基本雷同，在理解了本章节内容后，可变通利用，因此不再单独论述。

（一）设施大棚的选择与改造

1. 种类　按照保温效果，可将设施大棚粗略分为冷棚、温棚和暖棚等。

（1）冷棚　冷棚即常规蔬菜大棚，是指那些仅有骨架结构和塑料薄膜覆盖的大棚，单体面积在0.5～1.5亩，原有功能以蔬菜种植为主，目的是在阳光的照射下能起到增温、聚温功能。在阳光照射下，棚内温度可明显高于外部，在黄河流域一带，春季棚内最高可达35℃以上。冷棚不具备明显的保温效果，夜间最低温度通常仅高于外部环境温度2～4℃。南方地区的蔬菜大棚主要兼顾避雨功能，大棚两边常设通风口；北方则以增温和保温为主，实现农作物春季提早和秋季延后上市的目的，大棚密闭较严。北方少量变通型蔬菜大棚通过拉大昼夜温差而实现增加瓜果甜度的目的。常规蔬菜大棚造价较低，根据骨架不同，平均每亩大棚的造价在1.5万～2.5万元，主要成本包括骨架、塑料薄膜、喷灌设施和人工费用等（图5-1、图5-2）。冷棚由于保温、保湿性稍差，后期温度难以控制，生产的稳定性不如温棚和暖棚，一般也难以获得较高的产量。

图5-1　冷棚骨架

图5-2　冷棚棚区

（2）温棚　温棚是指在常规冷棚的塑料薄膜外面增加草帘或棉被覆盖，在每天上午光照开始增强时通过卷起草帘或棉被，实现快速增温和聚温；当下午光照减弱时放下草帘或棉被，实现保温的一类升级版蔬菜大棚。温棚由于保温材质不同，保温效果也不同。温棚主要在黄河流域及北方地区存在，单体面积在1～2亩。

图5-3　温棚棚区

温棚的造价高于常规蔬菜大棚，主要体现在对大棚骨架的牢固程度要求较高，另外需增设保温材料和卷膜设施（图5-3）。

（3）暖棚　暖棚也称为日光温室大棚，东西向，单座在1.5～3.0亩，是我国北方地区独有的一种温室类型，即使在最寒冷的冬季，也可在白天依靠对太阳光的聚温、晚上通过棉被的保温来维持棚内一定的温度水平。如在我国东北地区，在棚外-20℃时，仍可实现棚内最低8～10℃的温暖效果。日光温室大棚的构造和冷棚、温棚明显不同，棚内工作区通常下沉0.5～1.5米，北面建设保温后墙，向阳面钢架结构覆盖塑料薄膜和棉被。暖棚的造价成本较高，平均每亩的造价在5万元以上（图5-4、图5-5）。

图5-4　单座暖棚　　　　　　　　　　图5-5　暖棚棚区

　　除上面所述的常见设施大棚以外，还有联动温室大棚、光伏棚等设施，各有特点，均可适当改造后用于羊肚菌栽培（图5-6、图5-7）。

图5-6　联动温室大棚栽培羊肚菌　　　　图5-7　光伏棚栽培羊肚菌

　　2. 棚体改造升级　　上述的设施大棚均是以蔬菜种植为主，靠光照使棚内增温。蔬菜栽培过程中棚内有强光照射，这样肯定不适合羊肚菌栽培，因此需要对棚体进行适当改造，既要满足羊肚菌生长发育对温度的需求，又要规避强光照射。比较流行和便捷的做法是，在大棚内部2～3米的架空层内悬挂黑色遮阳网（图5-8），整体遮光度与林下栽培一致或略低（外部塑料薄膜有一定的遮阳效果），达到75%～80%的遮阳率即可。值得注意的是，种植羊肚菌的温室大棚黑色遮阳网不能直接铺于棚膜之上，以免遮阳网吸热明显增加棚内温度。可将遮阳网搭成平棚，搭建好的遮阳网仅与棚顶相接触。多个单体棚则将遮阳网固定在每个棚的棚顶，使其连成一个整体，能明显降低棚内温度，同时将边膜及端膜卷起有利于通风。

使用简易小拱棚或中拱棚栽培羊肚菌时，如果也使用了塑料薄膜，优选将塑料薄膜覆盖在遮阳网上（大棚外部），以便到春季后期温度增高和阳光增强时，可以随时撤去塑料布，起到降温作用（图5-9）。

图5-8　日光温室增设遮阳网栽培羊肚菌

图5-9　小拱棚栽培羊肚菌

羊肚菌设施大棚栽培，喷灌系统以雾喷（图5-10）或滴灌（图5-11），或雾喷加滴灌（图5-12）或雾喷加喷淋（图5-13）等搭配使用为宜。在整个羊肚菌种植周期中，对水量的需求较为严格，特别是原基到小菇的发育过程中，高土壤湿度、低空气相对湿度和机械碰撞均不利于原基成活，因此原基到小菇的发育阶段优选雾化喷雾系统，而播种前的土壤湿度调节、催菇和成菇阶段，对水分需求量较大，雾化喷雾系统水量偏小，此时可选择常规的漫灌（催菇之前）、滴灌或喷淋系统。

图5-10　大棚雾喷喷灌系统

图5-11　大棚滴灌喷灌系统

图5-12 大棚雾喷加滴灌喷灌系统

图5-13 温室雾喷加喷淋喷灌系统

（二）生产季节选择

与依赖自然气候的露地栽培相比，设施大棚种植羊肚菌在栽培季节的选择上更加灵活多样。羊肚菌的生长温度范围在4～20℃，低于0℃则处于停滞生长状态，原基和小菇阶段避免出现4℃以下的低温，地温长期高于16℃（环境温度长期大于25℃），则很难再有新的原基发生。因此，可以依据羊肚菌生长发育的温度条件和设施大棚的保温降温能力来灵活确定生产方案。

目前，主要推行的设施栽培方案如下。

①秋冬茬。7～9月制作菌种，9～10月播种，11月底出菇，翌年1月底采收完毕，主要满足春节前鲜菇上市需要。该方案主要以北方暖棚种植为主，在9～10月气温降低闭棚后播种，12月之后通过阳光照射增温、设施保温，确保原基和羊肚菌的正常发育，实现年前出菇上市的目的。

②越冬茬。北方的冬季寒冷干燥，通常有一段时间的冻土期。在土壤上冻之前完成养菌工作，温度回暖解冻之后实现出菇的栽培方案称为越冬茬羊肚菌种植。栽培时间需依据当地的气候变化和大棚的保温效果来确定。以陕西榆林地区为例：每年10月中旬播种；1周后摆放外源营养袋；11月底进入低温期，羊肚菌生长发育停滞，进行越冬期管理；到翌年2月下旬开冻，转入催菇、出菇管理。以新疆乌鲁木齐周边地区为例：适宜的播种时间为9月上旬；11月初开始进入冻土期，进行越冬期管理；翌年3月下旬开冻，转入催菇和出菇管理；5月中下旬至6月上旬为采摘期，6月中旬生产基本结束。以内蒙古北部及辽宁一带为例：每年9月中下旬播种，11月上中旬进入冻土期，翌年3月底到4月上旬开冻，6月中旬生产结束。越冬茬主要以常规蔬菜大棚（温棚）种植为主。

③早春茬。每年的初春时节，在冻土期结束后播种，随后和常规大田栽

培方案一致，进行外源营养袋补料、养菌、催菇和出菇管理。早春茬要求在五六月以后，大棚设施（棉被或外部降温设施）能有一定的降温能力，确保羊肚菌正常发育。以山西太原为例：春季3月上中旬开始播种，播种后1周摆放外源营养袋，4月中下旬催菇，4月底至5月上旬出菇，在设施降温到位的情况下，羊肚菌生长时间可延至7月中旬。羊肚菌早春茬的种植以温棚和暖棚为主，必须有棉被、草帘等避光、降温设施。

无论是何种生产方案，羊肚菌的播种时间选择都比较重要。若播种早，由于气温较高，易造成菌丝发菌纤细，活力弱，且容易染杂。若播种较晚，则秋冬茬出菇晚，达不到预期采摘上市的目的；越冬茬则容易在低温期来临之前外源营养袋营养转化不完全，造成营养浪费，影响最终产量；早春茬则会有出菇推迟现象，容易遭遇后期高温侵袭的麻烦。虽然从播种至出菇的最短时间可压缩至27天，但秋冬茬和早春茬的理想播种至出菇时间需控制在40～55天，才能保障有足量的营养转化和储备。同样，越冬茬的理想播种时间为上冻前1.5个月左右，最迟应保证有1个月的适宜生长时间，确保土壤内的菌丝网络在冻土期来临之前储备足量的营养而顺利越冬。如果播种至上冻间隔较短，可将摆放外源营养袋的时间提前至播种后0～7天，在发菌的同时进行营养转化；或将外源营养袋做成小袋，结合增加摆放密度，实现袋内营养的快速转化；也可充分利用大棚的保温措施，或采用在畦面覆盖稻草等保温措施，以延长营养转化时间。

（三）栽培技术

1. 土壤处理与整地　设施大棚种植羊肚菌土壤的调配管理详见"四、羊肚菌林下栽培（二）土壤的选择"部分。要利用夏季7～8月的空闲时间，也是外界气温最高时间，密闭温室进行高温焖棚，使晴天中午棚内温度达到60～70℃，维持15～20天，杀灭存活于温室和土壤中的病菌、虫卵。为调节土壤理化性质，同时达到杀菌、杀虫等目的，要往土壤施入75～100千克/亩的生石灰粉（图5-14）。棚内土地浇一次透水，待土地不黏后深耕25～30厘米，然后平整（图5-15）。播种时划分垄区，垄宽1.0～1.2米，沟宽20～25厘米，沟深5～10厘米。

图5-14　棚内施用生石灰粉

对于地下水位较低、排水较好的土壤也可不设置垄区，实行平畦播种栽培。如果土壤结构松散，则优选条播，机械起小沟，或制作起沟工具，人工起小沟（图5-16）。

图5-15　棚内土地深耕后平整　　　　图5-16　羊肚菌条播的机械开沟

　　2.菌种预处理　将菌种剥去塑料袋，揉碎至0.5～1.0厘米大小粒径的颗粒。如果菌种偏干，水分在55%以下，可用0.5%的磷酸二氢钾水溶液预湿菌种至含水量65%～70%（手捏有轻微水渍），播种后萌发效果较好。如果菌种偏干，播种后土壤含水量也较小，则菌种萌发情况较差。

　　3.播种与覆土　播种前调节土壤湿度至20%～25%（图5-17）。土壤湿度是否合适有以下3个判断方法：①土壤手捏成团，丢地即散；②农作物种植时适宜种子萌发；③耕作时土壤不粘工具。

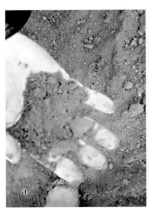

图5-17　土壤湿度的判断

a.偏干　b.适中　c.偏湿

　　羊肚菌播种可采用条播（沟播）或撒播两种方式。条播时，将揉碎的菌种按照150～175千克/亩的用种量均匀地施放在开好的小沟内（图5-18），之后平整畦面（图5-19），覆土厚度5厘米左右。撒播时，将菌种均匀地撒放在畦面上，用小型旋耕机在畦面上旋土10厘米深，使菌种和土壤均匀混合；或使用小型开沟机，在原有开沟位置开沟，将沟内的土壤翻至畦面上，实现覆土厚度3～5厘米（图5-20）。

图5-18　条　播

图5-19　条播后覆土

图5-20　使用开沟机同时开沟和覆土

　　4.施加外源营养袋　正常播种后1～2天，可观察到菌种表面菌丝开始萌动，萌发有长约1厘米的纤细菌丝；播种后2～3天，部分菌种之间的菌丝可连接成稀疏的菌丝网络，土壤表面可见有稀疏的菌丝；播种后5～7天，菌丝量增大后可摆放外源营养袋（图5-21至图5-24）。如前所述，外源营养袋最早在播种的同时摆放，最迟为播种后20天，严禁超过1个月。营养袋摆放数量和方法同"四、羊肚菌林下栽培"部分的内容。

图5-21　摆放外源营养袋前撒播发菌情况

图5-22　摆放外源营养袋前条播发菌情况

图5-23　撒播畦面上摆放外源营养袋

图5-24　条播畦面上摆放外源营养袋

5.选择性使用地膜　设施大棚通常本身能保湿、保温和遮阳，播种后或施加外源营养袋后一般畦面上不再覆盖地膜。然而，如果棚内湿度不易控制（如沙性土壤）、光照过强或需要额外保温时，可在播种后或施加外源营养袋后，畦面上选择性地覆盖地膜。棚内没有大风，因此地膜两边可每隔1～2米压土块一个，既能保湿，又能起到通气的作用，避免因两边压得过紧造成土壤内部菌丝缺氧（图5-25）。

图5-25　大棚栽培羊肚菌播种后畦面选择性覆盖地膜

6.发菌期管理　羊肚菌设施大棚栽培的发菌期管理与林下栽培管理类似，主要管理因素为温度、水分、光照和空气等。

（1）温度管理　羊肚菌菌丝在10～23℃条件下都可以很好地生长，在此范围内温度越高菌丝生长越快，但在12～18℃培养菌丝生长更为粗壮，菌丝体浓密，能形成大量菌核。温度超过23℃，菌丝生长过快，纤细无力；温度低于10℃则生长速度明显降低。因此，菌丝生长阶段尽可能控制温度在12～18℃。播种后前期白天温度较高，可通过遮光和向大棚外围喷水来降低环境温度；后期外界气温下降后要注意做好防寒保温工作，特别要注意提高设施内夜间的温度，通过白天适量卷起棉被增加光照，并减少通风量以提高设施内的温度，夜间关闭全部通风口并做到棉被全覆盖，以保持设施内温度不会大幅度降低（图5-26）。

图5-26　设施大棚内部温度适宜羊肚菌发菌较为理想

（2）水分管理　设施大棚羊肚菌栽培可做到对水分的精确控制，在播种前土壤湿度调节到位的情况下，中间发菌过程可维持较长时间满足养菌的需要。如无必要，尽量少浇水。当土壤表面发白（土壤失水变干）时，可轻微喷雾或滴灌补水（图5-27）。若为沙性土壤，则失水较快，可在播种后选择覆盖地膜或覆盖1厘米厚的稻草，起到保水作用。

越冬茬栽培羊肚菌可在冻土期来临之前3～5天上一次重水，确保整个冻土期土壤不至于失水过多而对菌丝造成伤害。当菌丝营养储备完全后，菌丝和菌核细胞内的大量脂类物质可以保护菌

图5-27　发菌期间喷雾调节土壤水分

丝免受冻害影响，确保成功越冬。因此，务必要在冻土期来临之前完成营养转化。秋冬茬和早春茬栽培的羊肚菌，在养菌过程中可适度保持土壤水分偏低，菌丝会优先在土壤内部而不是土壤表面生长，能形成更多的营养菌丝储备营养。一个重要的水分管理原则是"如无必要，避免补水"。

（3）光照管理　羊肚菌的菌丝生长阶段对光照要求不严，适宜在微弱光线条件下生长，强光会抑制菌丝的生长，光照调节在400～1 000勒克斯为宜。设施大棚栽培，可结合温度管理适量调整棚内的光照强度（图5-28、图5-29）。

图5-28　发菌期间大棚光照调节

图5-29　发菌期间温室光照调节

（4）通风管理　由于大棚密闭性往往不严，会有少量的空气流通，所以在整个养菌过程中，可不必过多考虑氧气问题。当发现畦面上气生菌丝增多、直立时，说明氧气严重不足、二氧化碳超标，此时可适度通风（图5-30）。

日光温室羊肚菌各种栽培模式和塑料大棚秋冬茬、早春茬在发菌完成后即可进行出菇管理，塑料大棚越冬茬栽培必须加强越冬管理。

图5-30　发菌期间适度通风调节棚内氧气和空气相对湿度

7. 越冬茬栽培的越冬管理　对于塑料大棚羊肚菌越冬茬栽培，在冬季来临土壤上冻之前，除了采用长时间喷雾或滴灌等方式给土壤上足越冬水以外，畦面上还可以直接覆盖黑色地膜，地膜两边稀疏压住（图5-31）；也可搭建小拱棚，拱棚支架上覆盖黑色透光地膜（图5-32）。关闭大棚通风口，盖紧棉被，进行封棚管理，防止漫长冬季使土壤水分流失过多。

图5-31　畦面上直接覆盖黑色透光地膜

图5-32　畦面搭建小拱棚覆盖黑色透光地膜

8. 催菇技术　　秋冬茬和早春茬羊肚菌栽培，在经历约45天的发菌和营养储备之后，已经达到生理成熟；越冬茬栽培在冻土期结束后，前期已完成营养储备，现温度回暖，也达到了生理成熟。此时，可以通过技术手段，实现羊肚菌从营养生长向生殖生长的转变，简称催菇技术。现实生产中，部分基地不经历催菇也能出菇，实际为自然生理成熟加之环境条件合适发生的自然出菇。理想的催菇技术可以实现潮次均匀、健壮的原基发生和发育。

　　催菇的原理性内容参见"四、羊肚菌林下栽培"的相关章节。催菇的具体操作主要包括营养刺激、氧气刺激、水分刺激和温差刺激。

　　①营养刺激。撤去外源营养袋，造成营养输送中断，诱发出菇。当外源营养袋的营养没有耗尽时，且进行一个易出菇的品种栽培时，可不撤袋。当外源营养袋发生污染时，必须撤袋。

　　②氧气刺激。养菌期间大棚内一直处在低氧和高二氧化碳状态。催菇时，增大通风，可有效地增加氧气含量，刺激转入生殖生长出菇。对于塑料大棚越冬茬栽培羊肚菌，在进行越冬管理时畦面覆盖了塑料薄膜或架设了小拱棚，在催菇时要揭开畦面或小拱棚上覆盖的薄膜（图5-33），达到氧气刺激催菇的目的。

　　③水分刺激。在长期的养菌过程中，土壤水分逐渐降低，此时进行重度补水，可极大地刺激菌丝从营养生长转向生殖生长。水分刺激的具体操作是，通过滴灌或

图5-33　揭起覆盖黑色地膜

图5-34 多次喷灌增加土壤水分和空气相对湿度

沟灌或喷灌等方式将畦面浇透，沙性土壤可分两次进行，两次间隔12～24小时；黏性土壤通过滴灌或喷灌的方式补水，但要注意避免积水（图5-34）。

④温差刺激。催菇后，白天提高地表5厘米处温度至8～12℃，夜间降低棚内温度（地表温度）至3～5℃，拉大温差至10℃以上，可有效地诱发原基发生。催菇后不能再有低于0℃的低温（地表温度），以免发生原基冻伤夭折。

催菇之后要经常观察原基发生情况。初始原基为菌丝相互扭结形成，细小，针尖状，不易发现；随后转为球形颗粒状，蚕卵大小，可明显观察到（图5-35）。无论是针尖大小还是蚕卵大小，均不可直接浇水，否则易造成原基缺氧和机械损伤而夭折。此时的主要管理是维持相对稳定的环境条件。

图5-35 羊肚菌菌丝扭结形成大量原基

9.出菇期管理

（1）原基分化期管理 原基形成后7～10天可增高至1～2厘米，菌柄和菌盖分化明显，可初见菌盖雏形（图5-36）。此时，维持土壤湿度20%～25%，适宜空气相对湿度85%～95%，最佳生长发育温度12～20℃，散射光照。该阶段空气相对湿度和土壤湿度调节以雾化喷水或滴灌为宜，水量宜小不宜大，可通过少量多次的方法进行调控。综合采用大棚外围喷雾、棉被揭盖、下方侧通风等措施，调节好羊肚菌原基分化对温度、湿度、空气和光照的需求，做好原基分化期间的管理。

图5-36　原基分化阶段

（2）幼菇期管理　羊肚菌幼菇期管理是决定其成菇率和商品性状的关键环节。随着原基不断膨大，逐渐发育形成幼菇，菌盖和菌柄分化明显，菌盖颜色逐渐加深，脊部逐渐隆起加厚，出现凹坑（图5-37）。幼菇发育阶段已经可以抵御一定的恶劣环境条件。要适当加大通风量，减少畸形菇的发生；要尽量少浇水，以短时间喷雾为主；棚内气温控制在20℃以下，畦面8厘米处的温度在9～12℃，空气相对湿度保持在80%左右最适于幼菇的生长。防止出现高温和高湿，减少羊肚菌病害发生。

图5-37　幼菇发育阶段

秋冬茬和早春茬栽培出菇管理的难点是通风管理，即对棚内氧气含量的把控。目前，没有关于羊肚菌生长发育过程中对氧气和二氧化碳需求的科学数据，通常以个人经验为主，以进棚后感觉呼吸畅快、清爽为宜；若出现"闷"的感觉，则是氧气不足，需增加通风。另外，开始羊肚菌的菌柄菌盖长度相等，随着持续生长发育，菌盖长度要明显长于菌柄长度。当发现菌盖长度明显低于菌柄时，一个可能的原因就是大棚氧气含量不足，需要增加通风量。为了规避通风造成棚内温度的大幅度变化，对于秋冬茬和越冬茬栽培，可在中午温度较高时适度通风；而早春茬栽培的通风，可选择在傍晚或清晨进行。北方地区最大的特点是空气湿度偏低，因此，在通风的同时要密切关注棚内的空气湿度变化。当羊肚菌表面明显粗糙干燥，或地表有轻微裂缝，或羊肚菌顶部有收缩时，则表明棚内空气湿度可能偏低了，需要通过喷雾增加空气的相对湿度。也可以在通风的同时进行雾化降温和增湿。

（3）成菇期管理　成菇期是决定商品性好坏的重要阶段。在成菇期，一般在早晨和下午适当延长光照时间；中午小通风，早晚多通风；利用外围喷雾、棉被揭盖、侧通风等措施，综合调节创造羊肚菌生长发育适宜的温度、湿度、空气和光照条件。该阶段可放宽浇水条件，土壤缺水时可采用滴灌、喷雾等措施进行补水，但避免积水。棚内气温控制在20℃以下，土壤5～10

图5-38　羊肚菌成菇期喷雾加湿管理

厘米的温度在9～12℃。采用少量多次喷雾等方式，调控棚室空气相对湿度保持在90%（图5-38），防止高温高湿，减少病害的发生。正常管理下，从原基发生到羊肚菌成熟需要25～30天，温度低，羊肚菌生长缓慢，但菌肉较厚，单菇重量大；越冬茬的后期和早春茬的中后期，由于环境温度偏高，子囊果通常色浅、肉薄。

10.采收与加工　羊肚菌采收标准同林下栽培（图5-39）。秋冬茬和早春茬的产品主要以鲜品销售为主，采摘的羊肚菌不能带泥土或杂物。可根据市场销售的需要，采摘后削去泥脚，分装到特定规格的薄膜保鲜盒内运输流通。秋冬茬销售时，天气已经转凉，通常直接通过快递系统即可进行远距离销售。早春茬的出菇季节正值仲夏，需在保鲜盒内放冰袋，可通过生鲜速配系统进行销售；必要时，需要在泡沫盒内加盖吸水棉，保持羊肚菌相对干燥，并避免羊肚菌之间相互磕碰、碎裂，从而影响商业品相。越冬茬羊肚菌采收季节在4～6月，除后期少量羊肚菌会走鲜销系统以外，大部分羊肚菌将以干品销售为主。无论是鲜销还是要干制的羊肚菌，采摘前一天均要避免喷水，否则容易造成羊肚菌水分过大，在采摘和运输过程中容易磕碰造成菌盖破碎，影响品相；而在羊肚菌干制过程中则会增加烘烤成本。

图5-39　待采收的羊肚菌

11. 二潮出菇管理　羊肚菌设施大棚栽培通常能实现多潮次生长，出菇潮次与菌种品性、催菇技术、栽培管理和设施条件等有关。通常的操作是，前一潮菇采收完毕之后，掀开棚子，增加大棚内外的空气流通，让外部干空气进棚，将棚内空气相对湿度和土壤湿度降下来，维持3～7天。然后闭棚，参照前面催菇的方案进行给水催菇、保温、温差刺激等管理来诱发新的原基发生。第二潮菇出菇期温度较高，生长期要比第一潮菇短，一般10～15天即可采收（图5-40）。第二潮菇的采收与加工同第一潮菇。在第二潮菇产量有保证的情况下，可不必再进行后面潮次的催菇管理。后面潮次的羊肚菌由于土壤菌丝细胞中的营养耗尽，菇小、菌肉薄，没有太大的经济价值。

图5-40　生长发育中的第二潮羊肚菌

六、羊肚菌病虫害防治

对于羊肚菌的大田栽培，菌种体直接施播到土壤中，在基本开放的环境下萌发、生长和繁殖。土壤是微生物的大本营，栽培羊肚菌的土壤没有消毒，存在大量的微生物。羊肚菌的栽培过程，其实就是羊肚菌与其他生物争夺土壤中养分和空间的过程。羊肚菌菌丝体在土壤中与多种其他真菌和细菌共栖，共同组成子囊果，彼此发生着复杂的动态作用，形成共栖、互生、寄生，甚至共生关系。在整个大田生产环节，蜂窝状的羊肚菌容易招致各种昆虫、动物、细菌、真菌，也可能包括病毒在内的其他生物的侵袭，给生产带来危害。随着羊肚菌栽培年份和规模的不断增加，加之气候多变、异常气候天气增加等客观因素，羊肚菌生产中的病虫害问题已经开始凸显，在病虫害暴发时，菇农往往束手无策，损失严重。病虫害问题已经成为羊肚菌产业的主要问题。

（一）羊肚菌虫害防治

对羊肚菌菌种体、菌丝体、外源营养袋和子囊果造成危害的有白蚁、蛞蝓、蜗牛、菇蚊、跳虫、木蠹蛾幼虫、马陆等。从食性上分析，植食性（如蛾类幼虫等）、腐食性（如蚯蚓、马陆等）和杂食性（如跳虫）昆虫均能以羊肚菌菌丝或子囊果为食。开放、复杂的土壤环境中隐匿的多种害虫，均可能危害羊肚菌的菌丝网络和子囊果。菌丝网络的破坏影响羊肚菌能量物质的储备与转移，最终导致减产。害虫对羊肚菌子囊果的啃咬创伤将造成交叉感染，加剧细菌性、真菌性及病毒的传播和蔓延。部分害虫由于个体较小或昼伏夜出的习性，使得其不容易被发现而被忽视，当大面积暴发时却无法有效控制而造成严重损失，因而需要引起足够的重视。

1. 白蚁　白蚁分布极广，我国各地均有发生。在羊肚菌生产中，菌种体、外源营养袋、菌丝体是白蚁侵袭的对象。白蚁是一种生活于巢穴中的社会性昆虫，10～37℃都能活动，20℃时活动最盛；白蚁怕光喜湿，在阴暗潮湿处隐蔽生活。

　　白蚁防控的主要措施有：①清除虫源。如发现有白蚁活动，应及时用敌百虫或灭蚁药剂喷洒于白蚁活动地方。②挖巢灭蚁。蚁巢表面或附近堆土有疏松、形成泥被、泥线等特征，以此来判断蚁巢的位置，进行挖巢灭蚁。③灯光诱杀。在白蚁迁移出巢交尾季节，可设置诱虫灯，诱杀有翅白蚁。④药物防控。发生白蚁危害时，可用48%乐斯本乳油1 000～1 500倍液喷淋防控。⑤预防措施。白蚁危害多发生在林地、腐殖质落叶丰富的不动土田地，因此可以通过播种前暴晒田地进行预防；对新开垦的田地在播种前，每亩地投放50～75千克生石灰，可有效地减少白蚁侵害。

　　2. 软体动物　危害羊肚菌的软体动物主要有蛞蝓（图6-1）和蜗牛（图6-2），几乎所有的田间都可发生，南方水稻田以蛞蝓和田螺为主，北方旱田的蜗牛较多。蛞蝓又称为水蜒蚰、鼻涕虫，体表湿润有黏液，外表看起来像没壳的蜗牛。蛞蝓和蜗牛的生活习性基本一致，孵化时间与羊肚菌原基发生时间同步或略早，在每年3～4月温暖潮湿的雨季大量发生，需提前预防。蛞蝓和蜗牛喜生活于疏松多腐殖质的环境中，昼伏夜出，夜间可通过强光手电筒在田间检查，其身体表面湿润的黏液在手电光的照射下尤为明显，阴雨天气时白天会出来活动；最怕阳光直射，对环境反应敏感。蛞蝓和蜗牛常啃食羊肚菌原基和幼嫩的羊肚菌子囊果，被啃食的子囊果部位停止发育，最终导致畸形（图6-3、图6-4），同时因啃食部位破损，加大了其他杂菌侵袭的可能性，给羊肚菌的生产带来巨大的损失（图6-5）。

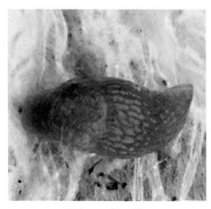

图6-1　蛞　蝓　　　　　　　　图6-2　蜗　牛

图6-3　蛞蝓正危害羊肚菌

图6-4　被蜗牛啃食过的羊肚菌

图6-5　蛞蝓或蜗牛危害的羊肚菌继发真菌感染

蛞蝓和蜗牛类害虫的防控方法有：①彻底清除栽培场附近的杂草、场内垃圾、枯枝落叶、石块等，然后撒以石灰粉或五氯酚钠，并注意经常保持场地清洁；②掌握其昼伏夜出、黄昏活动危害，阴雨、潮湿活动等规律，进行人工捕捉，也可进行诱捕；③含有四聚乙醛的商品药物"蜗壳""蜗螺净"等可以有效地杀灭蛞蝓、蜗牛等软体动物，具有很好的触杀效果；④整地环节，每亩使用 50 ~ 75 千克生石灰，具有一定的杀虫效果；⑤栽培地块的深耕、曝晒、闷棚等操作，水稻田通过 2 ~ 3 个月的淹水作业等，可有效杀死虫卵及其他病原物。

3.鼠妇　鼠妇俗称米汤虫、潮虫子、潮虫、团子虫、地虱婆、地虱子、鞋板虫、皮板虫、西瓜虫等（图6-6），喜阴暗、潮湿的环境，20 ~ 25℃最佳，一般栖息于朽木、腐叶、石块等下面。在羊肚菌的栽培环节，鼠妇主要嚼食土壤内的菌丝，给生产造成危害。鼠妇的主要防控措施为：搞好环境卫生，清除一切废料、垃圾和杂物，并在各角落处撒上石灰粉，减少鼠妇栖息的场所。鼠妇虫量大时，可采用高效氯氰菊酯或菊乐合酯1 000 ~ 1 500 倍液喷雾毒杀，速灭杀丁和敌敌畏对鼠妇也具有很好的灭杀效果。

图6-6　鼠　妇

4.跳虫　跳虫为小型非昆虫六足动物，幼虫与成虫形态相似，一般体长1.0 ~ 2.0毫米，足 3 对，细小，柔软，白色；成虫形如跳蛋，无翅，淡灰色至灰紫色，体壁柔软，大多数体表具毛；口器内藏，咀嚼式，眼不发达，触角 4 ~ 6 节；腹部最多 6 节，分节明显；休眠后蜕皮，银灰色，群居时灰色，如同烟灰，故亦名烟灰虫。凡阴暗潮湿、有腐殖质存在的地方都可发现。羊肚菌栽培中常见的跳虫有 2 种，软体弹跳能力弱的烟灰色跳虫（图6-7）和弹跳能力强的尾部呈节状纹饰分隔的长角跳虫（图6-8）。跳虫在羊肚菌生产的所有环节都有危害：播种后可嚼食菌种、菌丝，随后可钻入外源营养袋以菌丝为食，大量繁衍（图6-7、图6-8）。出菇阶段可钻入菇体内或在菌盖表面啃食，菌柄被啃食后，造成菌柄发红，幼菇死亡（图6-9），在菌盖表面有大量的跳虫成虫啃食子囊果，最终造成子囊果畸形（图6-10），商品性状下降。跳虫在温暖、潮湿的条件下相当活跃，繁殖速度最快。除此之外，跳虫还可携带和传播病虫害，造成交叉重复感染。跳虫的成虫和幼虫体表可携带大量的病菌和蛾虫，随着跳虫产卵取食等活动加速蔓延。当土壤内含糖量高的农作物废弃物（如玉米秆、花生秧、西瓜秧等）较多时极易暴发跳虫危害。若前一年羊肚菌田地发生过跳虫危害，翌年更应引起注意，要提前做好预防工作。

图6-7　危害营养袋和菌床的烟灰色跳虫
a.营养袋　b.烟灰色跳虫

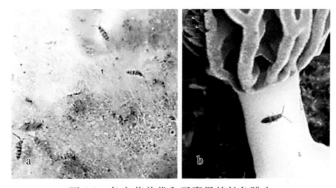

图6-8　危害营养袋和子囊果的长角跳虫
a.被长角跳虫危害的营养袋　b.被长角跳虫危害的子囊果

图6-9　跳虫危害羊肚菌菌柄造成菌柄发红幼菇死亡

跳虫危害的防控方法主要有：①播种前1个月左右，对田地进行翻耕，并按照每亩地50～75千克的用量撒生石灰。田地翻耕后经过暴晒，可有效减少跳虫的危害。②清除田间的农业废弃料，特别是玉米秸秆等含糖量成分较高的杂物，减少跳虫滋生的营养源。③轮耕作业，水田生产水稻时的灌水作业能有效地杀灭虫卵。④跳虫严重的田地，可在跳虫发生的地方用小盆清水连续诱杀；也可用稀释1000倍的90%敌百虫加少量蜂蜜配成诱杀剂，分装于盆或盘中，分散放在菇床上诱杀。

图6-10 大量跳虫啃食羊肚菌菌盖组织

⑤喷施氯氰菊酯1 000～2 000倍液毒杀，但在出菇之前或出菇期间要慎用。

5.木蠹蛾幼虫 木蠹蛾为鳞翅目木蠹蛾科昆虫，世界性分布，主要以幼虫危害羊肚菌。幼虫为灰白色或深红色，几乎无毛，在腐殖质丰富的林地或新开荒地容易暴发危害。木蠹蛾幼虫常栖息于外源营养袋与土壤接触的菌丝物中（图6-11），通过嚼食外源营养袋内的木料和菌丝生存，破坏菌丝网络，对营养物质的输送造成影响，进而影响产量。

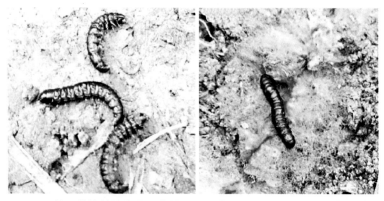

图6-11 林下栽培羊肚菌外源营养袋与土壤交界处大量发生的木蠹蛾幼虫

木蠹蛾幼虫危害的防控办法有：①利用成虫的趋光性，以黑光灯诱杀成虫；②田地翻耕暴晒前，适当加大生石灰的用量至每亩地100千克，或翻耕前喷施菊酯类杀虫剂；③当发现木蠹蛾幼虫暴发时，可撒施辛硫磷颗粒型杀虫剂诱杀。

6.马陆 马陆俗称千足虫，喜栖息在阴暗、潮湿的环境，常可以看到其蜷伏在石头或腐枝败叶下面，喜食腐殖质。马陆自身是传播微生物的载体，在取食过程中口器会破坏原有组织结构上的微生物群落。羊肚菌菌丝体或子囊果根部组织为马陆所喜欢的食物。在新开垦的荒地、林地、腐殖质含量丰富的田地，马陆危害较为普遍。马陆危害主要发生在春季温度回升之后；雨水充沛时更为明显。马陆栖息在羊肚菌子囊果根部菌丝团内，嚼食菌肉和菌丝网络，严重时造成子囊果发育停止、死亡（图6-12）。

图6-12　马陆的危害

a.马陆在菌柄基部以菌柄基部菌丝为食　b.羊肚菌采摘之后残留的菌柄处
发生大量的马陆，以残留的菌柄为食

马陆的防治措施有：①羊肚菌栽培地块深耕、暴晒，杀死马陆虫卵；②清除栽培地周围的杂草、垃圾等，减少马陆的隐蔽场所；③在栽培场地用石灰粉打隔离带，严防马陆虫体扩散；④采用扫、踩、拍、开水烫等方法将马陆虫卵清除干净，再撒些石灰进行消毒，去异味，也可喷洒"雄黄水"驱虫；⑤选用2.5%敌杀死2 500倍液，或5%高效氯氰菊酯乳油1 000倍液，或50%辛硫磷乳油1 000倍液等药液防治，同一地块反复进行2～3次，连续喷药3天。

7.蚊蝇类　属于双翅目的多种蚊蝇类害虫也可危害羊肚菌，包括虻类、蝇类和蕈蚊（图6-13）。危害主要发生在两个阶段。在发菌阶段，蚊蝇类害虫

图6-13　危害羊肚菌的蚊蝇类害虫

a.虻类成虫　b.蝇类成虫　c.蕈蚊成虫

的幼虫钻入营养袋内嚼食羊肚菌菌丝，影响营养的传输和吸收（图6-14）。当前一季田间作物是玉米、瓜果等含糖量较高的作物时，残留的废弃物会滋生大量的蚊蝇类害虫，其幼虫在温暖的气候下可快速发育成成虫，在大棚内产卵繁衍，造成更大的危害。在出菇阶段，蚊蝇类幼虫仍可在菌柄下部或菌柄基部滋生，严重时造成幼菇营养不足而死亡，其成虫可叮咬子囊果，被叮咬的子囊果往往发育畸形，商品性状下降（图6-15）。

图6-14 蚊蝇类幼虫在营养袋内嚼食羊肚菌菌丝

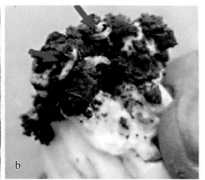

图6-15 菌柄内部和基部发生的蚊蝇类幼虫

a.菌柄内部 b.基部

蚊蝇类害虫的防治措施主要有：①清除菇场周围的秸秆、垃圾等杂物，保持清洁和卫生；②地块深耕、暴晒，施用生石灰等能有效杀灭虫卵；③在蚊蝇类昆虫发生季，使用黄色粘虫板（每亩25～30张）诱捕（图6-16），使用灭蚊灯诱杀；④采菇后喷施农药，如敌百虫500～1 000倍液、敌杀死（溴氰菊酯）1 000倍液等杀虫。

图6-16 羊肚菌栽培大棚内使用黄色粘虫板诱捕蚊蝇类害虫

（二）羊肚菌病害防治

当羊肚菌过于成熟、活力下降、抵抗能力降低或环境湿度过大、温度较高时，很多环境中的微生物，包括子囊果着生的细菌和真菌（内生菌）都可能会增殖起来，成为病原菌，对羊肚菌产生危害。目前，对羊肚菌的病害研究较为透彻的是真菌性病害，而对于细菌及潜在的病毒病原体的研究还不够透彻。

1. 细菌性病害　菌种基质和营养袋灭菌不彻底时，会增加细菌感染的概率。特别是常压灭菌的物料，细菌性的隐形污染比较严重。此外，接种不规范、物料含水量过大、发菌室温度和湿度过高等，都会加重细菌的感染和传播。在羊肚菌栽培中，初步判定至少有 2 种类型的子囊果细菌性病害：软腐病和红体病。软腐病的典型特征是发病后菌柄腐烂、子囊果倒伏，发病部位呈脓状、水渍状，恶臭，病菌有明显的蔓延扩散趋势，发病区域不再有新的羊肚菌生长（图6-17）。红体病感染的子囊果停止发育，不变软，不倒伏，通体泛红色，有臭味，病菌会随着人员走动、雨水、风向传播，所到之处大小菇体均可染病，发病区域不会再有新的羊肚菌发生（图6-18）。调查发现，播种前土壤中的农作物废弃料，如残留的稻秆、玉米秆、西瓜秧较多，且播种前田地处理不完善，则细菌性病害较严重；另外，调查发现，红体病发生田地在播种前使用了一定量的农家肥（猪粪堆肥），可能是红体病病原细菌的主要来源。此外，栽培时土壤含水量过大、空气相对湿度过高、环境温度过高等，将会加重子囊果细菌性病害的症状，促进病害的传播。

图6-17　羊肚菌软腐病

图6-18　羊肚菌红体病

羊肚菌细菌性病害的防控措施主要有：①接种工具、培养器皿及培养基灭菌一定要彻底，接种操作要严格规范，母种和原种培养基尽量采用高压灭菌；②发现污染细菌的试管母种和原种一律淘汰，以免转接时扩大传染；③培养料含水量不宜过高，以防湿度过大透气不良导致细菌侵染；④在出菇期尽量避免高温、高湿天气，可以通过加强通风来降低环境的湿度和温度；⑤预防虫害发生，避免虫害引起细菌的传播与感染，进行病虫害综合治理。

2.**真菌性病害**　按照生产环节的不同，羊肚菌生产中发生的真菌性病害可分为子囊果病害、菌种污染及营养袋与田间污染。

（1）子囊果病害　真菌已经报道两种子囊果病害的病原物：长孢卵单隔孢霉（引起羊肚菌枯萎病，图6-19）和镰刀菌（引起镰刀菌病，图6-20），田间调查还发现有蛛网病（病原未知）的发生（图6-21）。由于真菌性病害具有隐秘性强、暴发速度快、发病范围广及缺乏有针对性的化学防治手段等特点，因而真菌性子囊果病害已成为现阶段影响产业发展的重要病害。

①霉菌性枯萎病。羊肚菌霉菌性枯萎病的病原菌为长孢卵单隔孢霉。枯萎病是一种严重的羊肚菌真菌性病害，在各个羊肚菌栽培场地均有发生（南方温暖湿润地区尤为明显）。发病时，环境温度通常大于20℃；当环境温度大于25℃时病情蔓延迅速，特别在25℃以上的高湿状态下，可在24～48小时侵染整个子囊果。该病菌以菌盖侵染为主，也能侵染菌柄。受侵染的部位

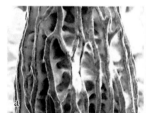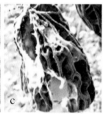

图6-19　羊肚菌枯萎病

a.枯萎病初期　b.枯萎病中期　c.枯萎病晚期

图6-20　羊肚菌镰刀菌病

会枯萎，停止发育，严重时子囊果畸形。侵染初期，染病部位白色，绒毛状，后期有粉末感；随着时间延续，受侵染的部位会萎缩、凹陷、破损（图6-19）。

图6-21　羊肚菌蛛网病

a.蛛网病早期　b.蛛网病晚期

②镰刀菌病。镰刀菌对羊肚菌子囊果的侵袭以菌柄为主，也能侵染菌盖组织，侵染部位为白色菌丝物，25℃以上的高温高湿天气，可在3～5天长满整个子囊果，并具有大面积扩散暴发的危害，最终导致发病部位萎蔫、子囊果畸形，严重影响羊肚菌的品质（图6-20）。因镰刀菌可产生镰刀菌毒素，食用后可导致人患病或不适，因此感染了镰刀菌的子囊果不能再继续食用。文献报道的食用羊肚菌后产生呕吐、过敏症状的病例，可能与这种杂菌的感染有关。

③蛛网病。在出菇阶段，羊肚菌栽培田常会蔓延一种菌丝粗壮如蜘蛛丝般的真菌，通常从外源营养袋下面向四周快速蔓延，所到之处子囊果无一幸免。病菌从子囊果根部向上侵袭至整个子囊果，受侵袭部位被浓厚的白色菌丝物包裹，停止发育，最终死亡（图6-21）。从蛛网病病原物扩散路径分析，该病应该是一种土传性真菌病害，前期病原菌在外源营养袋内定殖生长，后期温度回升、空气湿润时向四周蔓延。

羊肚菌子囊果真菌性病害在高温、高湿的环境条件下发展和蔓延较快，在重茬地栽培发病更多。此外，品种老化、退化，抗病能力弱，以及因温、湿等管理不当引起羊肚菌活力下降等，均会加重真菌性病害的发生。该类病害一旦发生，很难防治，因此在生产中要坚持"预防为主，综合防控"的策略进行防控。主要防控措施有：A.栽培生产环节，土地提前翻耕、暴晒，并撒生石灰，起到预防控制目的。B.使用过的外援营养袋不能随意丢弃，做好回收、晾晒、堆制后作为农家肥使用等。C.土地轮作或换地。D.真菌病害发生后，可直接将发病羊肚菌摘除，在棚外销毁；一个简单的操作方法是"见白就采"，无论子囊果大小，只要发生白点（霉菌性病斑）就直接摘除。E.选育抗病性强、抗重茬效应强的新品种；栽培时进行不同品种轮换，避免几年使用同一个品种栽培。F.加强子囊果发育期间的温度、湿度等管理，避免羊肚菌发生冻害，做好虫害防治工作，避免因发生虫害而加剧病害的传播。在出菇阶段遭遇高温的晴天时，可通过在棚上增加遮阳网、棉毡或棚外喷水的办法进行物理降温；棚内则通过通风，且少量多次的微喷喷雾，在降温的同时保持一定的空气湿度（65%～85%），来确保子囊果的正常发育。严禁高温天气闷棚。在偶尔的低温天气来临之前，可通过增设小拱棚、闭棚等措施保温，营造子囊果生长发育的良好环境，增强其抵抗疾病的能力，从而主动抵御病害的发生。

（2）菌种体病害　原种和栽培种制作过程中发生的病害主要为竞争性真菌感染危害。这些竞争性真菌主要有镰刀菌、木霉、曲霉、毛霉、根霉、链孢霉、青霉等（图6-22）。这些霉菌可产生大量无性孢子，传染性强，在高温、高湿下生长和传播迅速。竞争性杂菌感染菌种基质后，不仅会与羊肚菌竞争基质养分，还会产生一些酶和毒素抑制羊肚菌菌丝生长。虽然羊肚菌栽培为开放式，土壤中也存在着多种其他真菌，但是栽培前土壤经过暴晒、施加生石灰等处理，再加上羊肚菌播种时及播种后发菌阶段土壤处于低温状态，因此，在正常栽培条件下，土壤中的杂菌一般不会对羊肚菌生产造成明显影响。相对于播种到土壤中的羊肚菌来说，这些杂菌在局部土壤中还处于劣势，低温下不会占据生态优势。然而，如果羊肚菌菌种带杂菌，这些杂菌随羊肚菌菌种播种到土壤中，会使得竞争性真菌在土壤局部数量急剧增加，威胁羊肚菌的生态优势地位，与羊肚菌竞争土壤中的养分，与羊肚菌菌丝一起形成

图6-22　羊肚菌菌种感染霉菌

a.感染木霉　b.感染链孢霉　c.感染青霉

羊肚菌子囊果，还会在高温、高湿下增殖起来，引起羊肚菌子囊果病害。因此，羊肚菌菌种不污染杂菌，保持纯种状态，对羊肚菌的顺利栽培是非常重要的。

在羊肚菌菌种生产中，竞争性杂菌的防控措施主要有：①保持制种、发菌场所洁净干燥，避免废料和污染料堆积，制袋车间与无菌室隔离，防止拌料时的尘埃与灭过菌的料袋接触。②避免棉塞或其他菌种瓶（袋）封口受潮，发菌室保持洁净、干燥、避光、相对低温，发生污染的菌瓶或菌袋，及时移出发菌室集中焚烧或深埋处理。③在大田生产环节，田地提前1个月翻耕并暴晒，每亩地撒50～75千克的生石灰。④生产过羊肚菌的田地，夏季进行水稻等作物耕作，特别是水稻田，大水浸灌可以有效地杀灭田间遗留的杂菌。⑤以环境最高温20℃以下为最佳播种季节，避免播种后依旧出现高于20℃的天气；特别是使用了覆膜技术的田地，尤其注意高温事件的发生。⑥大田内发现霉菌菌落出现时，用生石灰粉撒在菌落上面，并用土壤进行原地掩埋，防止继续生长扩散。

（3）营养袋与田间污染

①营养袋杂菌污染。由于营养袋含水量过大、施加营养袋过早或过晚、基质配方不合理、灭菌不彻底、装袋后放置较长时间再灭菌导致基质酸化、土壤内菌丝活力不足、土壤中杂菌过多等原因，施加到土壤中的营养袋没有像预想的那样长进羊肚菌菌丝，而是基质被杂菌所占领（图6-23），结果无法发挥施加外源营养袋的作用，最终影响羊肚菌栽培的产量和质量。实际生产中，外源营养袋的污染主要有两种情况：一是营养袋摆放后，菌丝上袋较弱，污染从划口或打孔处发生，可判定污染的原因为土壤中的羊肚菌菌丝活力不足或外袋含水量、pH不合适等，从而造成羊肚菌菌丝无法快速进入外源营养袋占领划口位置，进而造成杂菌的侵袭；二是污染物从营养袋内部或顶部发生，特别是在小麦粒上开始，初期污染物白色浓密菌丝网络，随后转变为绿色、红色或黑色等。这种情况是由于小麦浸泡不透等造成营养袋灭菌不彻底等所致。若污染比例超过50%，则必须撤袋，重新施加新的外源营养袋进行补救；不然将严重影响

图6-23　外源营养袋污染

产量。同时，在催菇时，这些污染的外源营养袋必须全部撤掉，避免后期杂菌蔓延侵袭羊肚菌。

营养袋污染的防治措施主要是：播种前土壤暴晒、撒生石灰处理；严格按照操作规程制作营养袋；营养袋在播种后7～20天羊肚菌菌丝覆面并产生大量菌霜的时候施加等。营养袋内如果出现少量青霉、木霉等杂菌，可以任其生长；如果出现大量红色、白色的链孢霉，就应该及时撤袋，并以生石灰覆盖摆放外源营养袋的地方，并适度补充新的外源营养袋。

②土面滋生杂菌。播种以后，土面容易滋生各种杂菌，外源营养袋摆放处常发生绿霉病、蛛网病等（图6-24）。发现有异常生长的白色或杂色菌丝体，可以用石灰覆盖或铲去污染物用新土覆盖，通风1～2小时，使土面变干，霉菌不再大量生长。

图6-24　土壤表面生长杂菌

③土面生长杂菌子实体。有时，羊肚菌栽培土壤也会长出其他真菌的子实体，如粪碗、鬼伞等（图6-25）。粪碗为羊肚菌出菇的先兆。生长杂菌的子

图6-25　羊肚菌栽培地土壤生长粪碗和鬼伞子实体

a．粪碗　b．鬼伞

实体说明土壤内除了羊肚菌菌丝体以外，还蔓延着杂菌菌丝体，是杂菌污染的表现。出现杂菌子实体以后，可及时摘除，防止进一步传播，影响本季和翌年的羊肚菌栽培。其他防治措施见菌种病害防治等。

（三）羊肚菌生理性病害

羊肚菌生理性病害是一类在羊肚菌栽培中，不是由明确的病原生物滋生所引起，而是由于羊肚菌菌种质量差或管理不当等引起的产量和质量受损。

1. 子囊果倒伏　该病害发生于大棚栽培中。出菇前期表现正常，畦面出菇密集。在子囊果快速生长期，一夜之间成片的羊肚菌从菌柄基部倒伏；发病子囊果没有异味，多数没有真菌感染症状（图6-26）。子囊果分离出的细菌和真菌等疑似病原体回接幼嫩子囊果，不表现出倒伏症状，因此定义为生理性病害。在同样的管理条件下，邻近出菇较稀少的大棚子囊果不出现倒伏现象。分析其原因，应该是大棚较长时间处于相对高湿、缺氧和高温环境，大量子囊果生长发育长时间处于不适宜的环境条件之下，导致子囊果出现倒伏现象。

图6-26　大棚羊肚菌倒伏

按照羊肚菌不同生长阶段对环境条件的需求进行科学管理。特别是大棚避免长时间闭棚，在幼菇高度2厘米以上，对温度、湿度等因子的轻微变化具有一定抵抗能力时，在外界温度6～18℃时，每天揭起大棚底部的塑料薄膜进行通风换气，棚外喷雾保持环境湿度为主，进行水分管理，棚内土壤含水量不要长时间过高，是避免倒伏、进一步提高单产的重要举措。

2. 水菇现象　出菇量大，但子囊果个体瘦弱，菌盖肉质薄，质量轻，出菇3～4天后就表现出成熟时固有的颜色，明显早熟，不及时采收很快就会腐烂（图6-27）。地下菌索少并且入土短，大部分菌索未呈正常的白色，而呈黄褐色。发生水菇的原因是土壤长时间水分过多，造成土壤缺氧，菌丝生长受限，胞内积累的养分少；羊肚菌原基分化期浇水过

图6-27　水菇现象

多，土壤含水量偏大。生产中造成土壤水分过重的原因主要有5个方面，土壤质地、理墒质量、菌种覆土厚度、浇水不当、通风性差等均可造成土壤积水，导致"水菇"现象发生。

水菇现象的防控措施主要有：①合理选地，选择排水性好、肥沃的腐殖土、偏沙性壤土地块进行种植。②提高整地、理墒质量，整地要平，土壤空隙度达到30%左右较好，要开好腰沟便于排水，使墒沟与腰沟形成纵横贯通的排灌系统。③注意覆土质量，羊肚菌播种后覆土厚度以1～2厘米为宜，覆土厚度超过3厘米时"水菇"现象明显增加。④控制浇水量，原基分化期尽量采取喷雾增加空气湿度的方法进行水分管理，特别对于黏质土壤，不能直接浇水增湿。⑤适时通风，在土壤含水量特别大时，要及时揭开遮阳网两端通风换气，有效降低土壤含水量；在降水量多的年份，冬春季更要做好通风换气工作，有效地防止"水菇"问题的发生。

3. 菌种萌发缓慢，菌丝稀疏 在羊肚菌生产中，有时候播种后菌种萌发缓慢或萌发后菌丝纤细（图6-28），主要有菌种和土壤两个方面的原因。菌种方面，菌种老化、菌种存放时间过长都可导致菌种活力减弱，萌发慢或不萌发、萌发后菌丝细弱；土壤过酸或过碱，含水量过小或过大，都会造成菌种萌发慢、菌丝细弱的现象。使用质量好的菌种，选择pH适宜的土壤，播种前或播种后调节好土壤含水量，是克服菌种萌发缓慢、菌丝稀疏的重要举措。

图6-28　菌种萌发慢，菌丝细弱

4. 畸形菇 由于不适宜的温度、湿度管理或不及时采收等原因，造成子囊果畸形，如幼菇和原基冻伤而停止发育、干风直吹造成子囊果干裂、湿度管理不当造成原基死亡、高温造成菌盖干顶、高湿造成子囊果红顶、采收过晚造成子囊果倒伏等（图6-29）。羊肚菌一定要适时采收，不一定等到成熟。达到销售一级商品菇质量要求时即可采收，子囊果过大反而不好。特别是栽培规模较大、人手不够、小拱棚栽培难以及时观察到羊肚菌生长状态的生产户，由于缺乏经验，很可能会造成大量羊肚菌短时间内成熟，难以及时采收，造成子囊果倒伏、菌盖稀薄、孢子弹射等情况（图6-29）。这样过熟的子囊果，烘干后成为胶片菇，商品质量低，难以卖上好价钱，损失很大。

图6-29 畸形菇

a.羊肚菌结冰 b.干风吹裂 c.原基死亡 d.高温干顶

e.高湿红顶 f.子囊果过熟

5.沟内出菇 土壤畦面上出菇较少，而沟内却出菇较多（图6-30）。这种情况一般认为是沟内的环境比较适宜出菇所致，大多与发菌期畦面土壤长期缺水、菌丝积累少有关；通过沟内灌水进行土壤补充水分和增加空气湿度管理，但沟内灌水时间短，没有达到土壤补水和增加空气相对湿度的目的，结果造成畦面土壤含水量不够，沟内却达到了羊肚菌菌丝生长和出菇所需的环境条件，最终造成沟内出菇。预防沟内出菇的措施是严格规范管理、科学补水和增湿操作等。

6.羊肚菌倾斜生长 羊肚菌倾斜生长的现象在温室大棚内尤为突出，主要原因是棚内阳光过暗或光线不均匀，子囊果由于具有向光性，会朝向光线较强的方向倾斜生长，导致菌盖变小、菌柄增长、菌脚增大，影响商品质量（图6-31）。调节棚内光线均匀、明亮，是避免和克服羊肚菌倾斜生长的措施。

图6-30 沟内出菇

图6-31 羊肚菌倾斜生长

7. 原基不分化　　正常状态下，原基形成后7～10天，球形原基可分化成
菌盖和菌柄初具形态的幼菇。如果原基
一直处在球形原基期或分化前期，且持
续超过2周时间，则可能面临着原基不
再分化的局面（图6-32）。原基不分化
的原因除菌种质量（菌种退化、极性丢
失等）以外，也与环境因素有关，如土
壤有机质含量超标、氮磷超标、氧气含
量不足、温度低、光线弱等。

图6-32　超过2周仍不分化的原基

应对策略：选择优质菌种，如同样的菌种在其他田地正常分化，则可初
步排除是菌种问题；不过分使用额外的底肥或有机肥；使用洁净的水源，避
免使用鱼塘水、死水或富营养水；确定温度、氧气含量和光线是否达标，并
做相应处理。

羊肚菌生产中还有很多种植不正常的现象，而且随着羊肚菌栽培规模扩
大和年份增加，新的不正常生产现象还会出现。只有加强理论学习，深入思
考，广泛交流，掌握了羊肚菌生长发育的客观规律，才能深入了解出现的这
些生理性病害的内在和外在原因。只有严格规范生产与管理，针对异常气候
及时科学应对，才能避免这些生理性疾病的发生，真正做到羊肚菌栽培的高
产和稳产。

七、羊肚菌的保鲜、加工、消费与销售

新鲜的羊肚菌子囊果含水量高，可达85%～93%。羊肚菌采收后，由于切断了来自土壤中菌丝体和菌核细胞正常的水分和营养供给，子囊果只能依靠自身储备的营养维持生命活动。此时的子囊果以分解代谢为主，呼吸作用增强，水分不断丧失，生理状态也在持续发生着变化，后熟作用加快，并伴随着菌柄的褐变、子囊果萎蔫、菌盖菌肉松散碎片化等腐败现象。此外，由于羊肚菌子囊果是一个营养丰富的结构，在自然环境下与环境中的微生物共存，杂菌的繁殖加剧子囊果的败坏，以至于会导致子囊果的商品性状和食用价值丧失。因此，羊肚菌采收后应尽快销售与消费，或采取一定的保鲜措施，或进行干制等加工处理，才能维持子囊果的商品性能。目前，羊肚菌主要的商品类型有鲜品、干品和冻品等（图7-1），羊肚菌干货仍旧将占据较大的市场份额，预计冻品在未来会有更大的市场。

图7-1　羊肚菌主要产品类型

a.羊肚菌干货（统货，不分级）　b.羊肚菌分级
c.羊肚菌鲜品　d.装箱待发的新鲜羊肚菌
e.装箱待发的羊肚菌菌脚冻品　f.羊肚菌冻品

（一）羊肚菌产品分级

一般而言，羊肚菌收购商都有自己的产品分级标准，不同等级的产品价格相差很大，往往没有分级的统货价格较低，种植户销售统货比较吃亏。将羊肚菌按照标准分级以后，高等级的产品价格很高。相对于销售统货，羊肚菌分级后按级销售，利润更加可观。因此，规模较大的种植户一定要建立自己的产品分拣中心。产品分级后出售，总体效益更好。

在宽泛的概念下，羊肚菌产品可分为头批货、中期货和尾期货。这种划分标准在一定程度上代表着品质。

①头批货。又称为头批菇或早期菇，通常指第一批羊肚菌烘干的产品，其特点是菌肉厚实、菇体饱满、颜色深、菌香浓郁。

②中期货。又称为中期菇，泛指羊肚菌采收中期，由于温度升高造成羊肚菌生长加快而导致的菇肉变薄，颜色变浅，菌香味下降。

③尾期货。又称为尾期菇，常指生产季节结束前采收的羊肚菌。相比头批菇和中期菇，尾期菇个头略小、菌肉最薄、颜色浅、菇形较差，通常菌柄比菌盖长，菌柄变粗。

需要注意的是，这里所说的头批货、中期货和尾期货并非严格按潮次或时间先后划分，当第一批的羊肚菌不及时采摘，长老后也就成为中期货或尾期货；而在技术得当的情况下，第二茬甚至第三茬羊肚菌也可以做到头批菇的品质。

在销售中，羊肚菌商品也有划分为通货、精选货、级外货、工业余料和废品等不同的等级。

①通货。通货是指最原始的羊肚菌干品，不经过任何的挑选、修剪，不分产品茬数或混合不同等级的货品。

②精选货。精选货是按照一定的标准将通货细分后的产品，可以带柄，也可以剪柄。精选货划分的准则主要为：菌盖的宽窄、长短，菌柄的长短，菌肉的颜色，菌肉厚薄等。在这样的标准下，可把精选货划分为不同的等级，如头批一等品（头批菇，菌盖饱满，菇形均匀一致，颜色黑，菌肉厚，菌盖6～8厘米，菌柄长度＜0.5厘米）、头批二等品（头批菇，菌盖饱满，菇形均匀一致，颜色黑，菌肉厚，菌盖5～7厘米，菌柄长度1厘米）等。

③级外货。级外货也称为工业级货，为划分等级以外的产品，主要包括畸形菇、薄皮菇、瘪货和胶片菇，通常为采摘过晚菇、遭遇高温和雨水的疯

长菇、在烘烤过程中造成的焖锅菇及通货中挑选后剩余的残次品。

④工业余料。目前，工业余料主要指按照等级标准修剪下来的菌脚部分。按照正常15%的菌脚占比估计，当年的菌脚产品在5吨左右，数量庞大，菌脚的深加工值得研发。

⑤废品。废品主要指采摘前染白霉病的羊肚菌或储存不当发霉、虫蛀的羊肚菌。

1. 野生羊肚菌分级 野生羊肚菌等级划分主要以子囊果大小和菌肉厚薄来衡量，个头越大菌肉越厚的羊肚菌，等级越高，默认质量越好，价格也越贵。Ⅰ级品菌盖长6~8厘米，宽2.5厘米以上，形态均匀一致，菌肉厚，无破损，无病斑，无腐烂，剪脚，留菌柄1.5厘米；Ⅱ级品菌盖长3~6厘米，宽1.5~2.5厘米，比例合适，色形美观，无破损，无病斑，无腐烂，剪脚，留菌柄1.5厘米；Ⅲ级品菌盖长1~3厘米，宽0.5~1.4厘米，比例合适，色形美观，无破损，无病斑，无腐烂，剪脚，留菌柄1.0厘米（图7-2）。

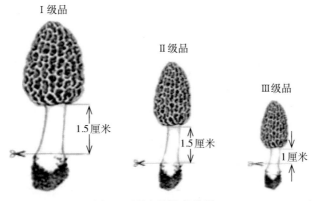

图7-2 野生羊肚菌分级

2. 栽培羊肚菌分级

（1）鲜品分级 按照子囊果大小是否均匀、菌肉厚薄程度、含水量大小、菌肉致密富有弹性、颜色和泥脚杂质等为标准，可把羊肚菌鲜品分为不同的等级（表7-1、图7-3）。市场上不同的消费方式对子囊果的大小要求不同，其大小不是严格的评级依据，但同一级别的子囊果必须大小均匀一致。市场比较偏好黑色羊肚菌，因此，颜色（黑）、形状（锥形）和干湿比 [1 :（7~10）] 构成了羊肚菌鲜品分级最重要的3个要素，以此为基础形成目前市场羊肚菌鲜品的主要分级标准。

表7-1 羊肚菌鲜品的主要等级标准

项目	一级	二级	出口级	级外（泡货）
菇形	圆锥形或长锥形、菇形饱满	圆锥形或长锥形、菇形饱满	圆锥形或长锥形、菇形饱满	圆形、圆柱形或畸形
菇肉厚度	厚	较厚	厚	薄
菌盖大小	长度3～6厘米	长度2～8厘米	长度3～8厘米	长度>8厘米或<2厘米
菌盖颜色	黑色	黑色或灰黑色	黑色或灰黑色	无要求
菌柄长度	2～5厘米	2～5厘米	剪柄，留1～2厘米	无严格要求
泥脚	无	无	无	无
菌柄颜色	白色或浅黄白色	浅白或浅黄白色	白色	浅黄白或灰白色
均匀度	一致	一致	一致	不要求
气味	香味浓郁	香味浓郁	稍浓郁	不允许有霉味
干湿比	1∶（7～8）	1∶（9～10）	1∶（7～10）	1∶10以上
杂质	无	无	无	<3%
虫蛀	不允许	不允许	不允许	无要求
霉变	不允许	不允许	不允许	不允许
残缺	不允许	不允许	不允许	无要求
腐烂	不允许	不允许	不允许	不允许

（2）干品分级 羊肚菌干货分级标准主要以子囊果的颜色（黑色）、形状（锥形/饱满）和肉质（厚/薄）为基础，根据市场需求不同，各等级间又分为3厘米以下、3～4.5厘米、4.5～6厘米和6厘米以上等规格，加上颜色和菌肉厚薄的要求，高标准的企业可实现接近50个规格的等级标准。干货市场消费以菌盖为主，故其等级标准以全剪脚为

图7-3 不同等级的羊肚菌鲜品

a.一级品 b.二级品 c.出口级 d.级外品

准，出口货要求留1～2厘米长的柄。级外货（泡货）品质除了无霉变以外，无其他要求（表7-2、图7-4）。生产者应围绕分级标准，进行适时采收加工，若处理得当，则尾期货依然可以做到一级标准，可以有效提高生产的整体效益。

表7-2 羊肚菌干品的主要等级标准

项目	一级	二级	出口级	级外（泡货）
菇形	圆锥形或长锥形、饱满	圆锥形或长锥形、饱满	圆锥形或长锥形、饱满	瘪、片状，畸形
菇肉厚度	厚	较厚	厚	无要求
菌盖大小	长度3～7厘米	长度3～7厘米	长度3～5厘米	长>7厘米或<2厘米
菌盖颜色	黑色或灰黑色	黑色或灰黑色	黑色或灰黑色	浅黄色或灰黄色
菌柄长度	全剪脚	全剪脚	剪脚，1.0～2.0厘米	剪脚或不剪脚
气味	香味浓郁	香味浓郁	香味浓郁	香味浓郁
含水量（%）	<13	<13	<13	<13
干湿比	1：(7～9)	1：(9～12)	1：(7～10)	1：10以上
泥脚	无	无	无	无
杂质	<0.1%	<0.5%	<0.1%	<0.5%
虫蛀	不允许	不允许	不允许	不要求
霉变	不允许	不允许	不允许	不允许
残缺	不允许	不允许	不允许	不要求

图7-4 不同等级的羊肚菌干品

a.一级品 b.二级品 c.出口级 d.级外品

（二）羊肚菌保鲜

目前，羊肚菌保鲜仅利用了冷藏法，其他食用菌使用的气调保鲜、臭氧保鲜等技术尚未用于羊肚菌保鲜。羊肚菌鲜品销售直接以基地采摘、初步分拣之后，装入保鲜盒，通过冰袋降温，空运至消费终端为主。该保鲜方法保质期较短，一般为5～10天。

羊肚菌保鲜的工艺流程如下：

①适时采收。羊肚菌成熟后在子囊孢子弹射之前采收，采收前不要喷水，采收过程中修剪掉泥脚，保持菇体洁净干燥。

②分级修整。适当修整后，根据羊肚菌个体大小、形状、颜色分级。

③装箱。将分选后的羊肚菌装入内衬保鲜袋的箱或框内（图7-5）。

图7-5　装箱的羊肚菌鲜品（王振辉　供稿）

④预冷。没有条件的种植户，在羊肚菌装箱的同时在箱内装入几个冰袋，封箱后尽快空运投送客户。有条件的种植户，将装箱的羊肚菌放入0～1℃冷库内，预冷16～24小时后封箱扎口。箱之间预留一定的空间，便于冷空气流通。

⑤冷藏或销售。预冷封装后可置于2～4℃低温贮藏7～10天。进入消费终端过程中，一定要冷链运输。

（三）羊肚菌速冻加工

羊肚菌速冻保藏是将分拣漂洗后的鲜菇置于低温环境（-40～-37℃），

使其迅速越过冰晶形成阶段，实现速冻，然后于低温冷库（−18℃）中保藏（图7-6）。羊肚菌速冻可以保藏10个月左右。

图7-6　冷冻保藏的羊肚菌

羊肚菌速冻保藏的工艺流程如下：

①采收分级。在羊肚菌孢子弹射前采收。选择菇体完整、洁净干燥、大小均匀的子囊果。

②护色、漂洗。待冷冻保藏的羊肚菌先用0.03%的焦亚硫酸钠溶液漂洗3～5分钟，再移入0.06%焦亚硫酸钠溶液浸泡2～3分钟进行护色，捞出置于清水中漂洗，要求二氧化硫残留量不高于0.002%。

③摆盘。将漂洗后的子囊果置于托盘中，沥干水分，并保持3～5℃的低温状态。

④速冻。将沥干的子囊果置于速冻机中，在−40～−37℃的低温流动风下迅速冷冻。10～15分钟后完成速冻过程。

⑤斗盘。将托盘去除，快速地抖动，使子囊果之间松散，呈独立状态，不相互粘连；继续置于−40～−37℃进行彻底冷冻。

⑥包装。按照市场或商家要求，用洁净的食品级塑料包装进行分装和密闭，然后装入内衬有防潮的双瓦楞纸箱内封存。

⑦冷藏。迅速将装箱的产品用冷藏车运往冻藏库内贮藏。冷藏库温度应稳定在（−18±1）℃，相对湿度95%～100%。要避免与有异味的其他冻品一同贮藏。

（四）羊肚菌干制

羊肚菌干制加工是指通过晒干、热风干制等脱水工艺，将羊肚菌子囊果的水分减少到12%左右，从而达到能够长期储存的目的。

1.晒干　羊肚菌采收之前不要喷水，保持子囊果干爽。将采收后的子囊果摆放在干净的席子上，置户外慢慢晒干至含水量12%左右（图7-7）。晒干

图7-7　自然晾晒的羊肚菌

简单易行，生产成本低；但干燥时间长，产品质量浮动大，产品干燥不均匀，而且受气候影响比较大。可将晾晒至半干的羊肚菌再入炉烘干，获得香气浓郁、不变形的优质羊肚菌干品。

2. 烘干　烘干也称为热风干制，是指通过热空气逐渐降低子囊果表面和内部的水含量，从而使羊肚菌干燥的技术。热风干燥具有设备便宜、产量大、传热介质可控化操作等优点，是目前我国羊肚菌干制的主要方法；其缺点是干燥时间长、效率低，能耗偏高。

羊肚菌热风烘干的主要工艺流程如下：

①摆盘。将采摘的羊肚菌摆放于竹把托盘上，大小一致者摆放在同一层，不要挤压，适当预留一定的空隙，有助于热空气从子囊果四周流通，加快干燥速度（图7-8）。

②烘烤。初始阶段为羊肚菌表面干燥阶段，保持35～40℃ 3～4小时，风速0.8～1米/秒，至羊肚菌含水量降低到50%以下；中期为子囊果内部脱水阶段，按照每小时缓慢升高2～3℃的速度，在3～4小时内逐渐将温度提高到50℃，风速保持0.7～0.9米/秒；终期维持50～55℃ 3～4小时，风速0.5～0.7米/秒，直至含水量下降到12%左右，最终完成整个脱水干燥过程。

图7-8　摆　盘

③封装。羊肚菌烘干完成后，在空气中静置10～20分钟，使其表面稍微回软，然后封存保藏，避免回潮引起霉变（图7-9）。可选用加厚塑料袋进行密封保存，储存在通风干燥的储藏室内。

图7-9　羊肚菌干品封装

④分选。按照干制羊肚菌的主要等级标准对羊肚菌进行分级，适当地修剪，去柄。

⑤包装。分级后的产品可以按照不同规格进行包装上市。可选择罐装、盒装、袋装等，并加装干燥剂（图7-10）。包装后的产品应存放在阴凉、干燥的环境下储藏，仓库温度控制在16℃以下，空气湿度50%～60%，可至少储存半年以上。

图7-10　部分羊肚菌干品市场终端产品

a.盒装羊肚菌　b.袋装　c.罐装

（五）羊肚菌深加工

由于羊肚菌价格相对较高，目前市场上除了干品、鲜品和冻品以外，羊肚菌深加工产品还不多。随着羊肚菌栽培规模的不断扩大，其初级产品的价格势必会逐年回落。适应中国高端消费品礼品化、人们养生观念加强、网络直销逐年走红等形势，羊肚菌深加工产品必将走向市场。羊肚菌深加工是羊肚菌产业的重要组成部分，应该往更精深加工方向探索。

目前，市场上的羊肚菌深加工产品主要有羊肚菌粽子、羊肚菌月饼、羊肚菌调味料（如汤包）等（图7-11）。利用羊肚菌美味、营养、保健等特点，开发羊肚菌休闲食品、功能性产品等优势明显；开发羊肚菌系列加工产品，精美包装后向礼品市场发展，打造高端品牌，发挥品牌效应，将会有较大的发展潜力。另外，加强科技研发，提取羊肚菌营养物质后开发各种深加工高端产品，从而延长羊肚菌产业链、加宽产品线，是羊肚菌深加工的发展方向。

图7-11　市场上部分羊肚菌深加工产品

a.羊肚菌鲜肉粽　b.羊肚菌月饼　c.羊肚菌汤包

（六）羊肚菌食谱

羊肚菌风味和外形独特、营养丰富、保健价值突出，是高端菌类里的首选食材，目前主要出现在高端宴会。随着人工栽培的不断扩大，羊肚菌也逐渐出现在寻常百姓的餐桌上。开发羊肚菌食谱，普及羊肚菌作为食材的烹饪方法，对发掘羊肚菌营养价值、开拓羊肚菌消费市场、促进羊肚菌产业健康发展等具有一定的意义。2019年第四届全国羊肚菌大会（榆林）组委会发起了"羊肚菌美食烹饪大赛"，开发出羊肚菌烧豆腐、羊肚菌乌鸡汤、牛腩烧羊肚菌、羊肚菌炖黄辣丁、羊肚菌红烧肉、羊肚菌酿鸡蓉等佳肴。裁判孙家涛认为，在制作羊肚菌菜肴时，必须严谨选料，从初步加工到菜品形成的整个制作过程必须按照烹饪程序完成，不能破坏羊肚菌的组织结构与营养结构。孙家涛着重提到羊肚菌干品的食用方法，尤其是要注意泡发干品的水温、时间及除泥沙的步骤。

图7-12　羊肚菌泡发

1.羊肚菌泡发　羊肚菌干品泡发时，首先用自来水快速冲洗干品表面浮灰，之后要用45～50℃的温水浸泡，水量以刚刚浸过羊肚菌菇面为宜。在泡发时不能挤捏干羊肚菌，以免流失羊肚菌的香味和营养。浸泡30分钟左右，清水就会变成酒红色（图7-12），这时将羊肚菌捞出放在另一个碗内，倒入适量的清水，按照顺时针的方向打圈，可将羊肚菌小孔里面的脏物清洗出来。这样反复清洗2～3次，羊肚菌就清洗干净了。浸泡羊肚菌酒红色的汁液不要倒掉，沉淀泥沙之后，酒红色汁液可用于烧菜和煲汤。

2.羊肚菌食谱

（1）羊肚菌炖乌鸡　羊肚菌具有益肠胃、消化助食、化痰理气、补肾壮阳、补脑提神的功效；乌鸡具有补中止痛、滋补肝肾、益气补血、滋阴清热、调经活血、止崩治带等功效。这两种食材搭配一起炖汤，具有强健身体、预防感冒、增强人体免疫力的食疗功效。

做法：①将羊肚菌洗净、切段备用；②乌鸡整鸡切块备用；③将鸡块焯水；④另起锅烧开足量的水，加姜丝；⑤将焯好水的鸡块、羊肚菌加入汤锅中，放入几粒红枣，大火烧开；⑥撇去浮沫后转小火；⑦鸡肉煲熟后加切好的山药片、枸杞、红枣；⑧山药片熟后加盐调味盛出（图7-13）。

图7-13　羊肚菌炖乌鸡

（2）羊肚菌炖排骨　与排骨共炖，羊肚菌可以吸收肉的营养和香味，加上自身的美味，最终得到一道营养、保健、色香味俱全的佳肴。

做法：①将干的羊肚菌泡发，泡发后的羊肚菌及原汤备用；②排骨沸水洗净，撇去浮沫，锅里加入少量油，放入处理好的排骨煸炒，同时放入姜片、大蒜、葱段、冰糖炒出香味，加入适量老抽、生抽、一点蚝油翻炒均匀，接着倒入处理好的羊肚菌翻炒均匀；③倒入沉淀好的原汤大火煮开，小火慢炖40～45分钟；④炖至排骨酥烂脱骨时，转大火收干汤汁（汤汁不要收得太干），撒葱花即可出锅。

（3）红烧羊肚菌　该菜肴烹制所用的材料有：鲜羊肚菌200克、火腿肉50克、青椒1个、豆瓣酱10克、酱油10克、味精3克、高汤适量、生粉10克、芝麻油5克、花生油25克。

做法：①将羊肚菌泡洗干净；火腿、青椒切成菱形片备用；②净锅放在旺火上，倒入花生油烧热，放入豆瓣酱炒香，加入高汤、火腿、青椒、羊肚菌、酱油烧3分钟左右，加入味精调味，用淀粉兑水勾芡，淋入芝麻油即可。

（4）羊肚菌烧肉　本菜肴所用的原料有：羊肚菌干品20克、带皮五花肉200克、豌豆苗50克、鸡蛋清、酱油、精盐、味精、蜂蜜、料酒、胡椒粉、大豆油和大豆粉。

做法：①羊肚菌干品发泡开；②带皮五花肉洗净后切成6厘米见方的块，加入酱油、料酒、蜂蜜拌匀，放置20分钟后再加入蛋清及豆粉混匀；③油锅烧至五成热，放入五花肉炸至金黄色，捞起；锅内留油，加入羊肚菌煸炒；再加入味精、酱油烧一会儿；加入肉汤煮沸，投入五花肉；④移至文火烧约20分钟，加入味精、胡椒粉、豌豆苗，起锅后淋上麻油即成。

（5）羊肚菌蒸肉　做法：①取留柄1～2厘米的干羊肚菌，清洗、发泡；②做肉馅：向大肉末里加入一个鸡蛋，打匀，再放入蒜末和盐，拌匀，搅拌5分钟；③把拌好的肉末装进羊肚菌肚里，小心不要弄破羊肚菌；④将小白菜叶塞进羊肚菌尾部的口，防止肉末外泄；⑤将处理好的羊肚菌放进预热好的蒸锅，蒸煮10分钟，出锅。

（6）羊肚菌烧豆腐　做法：①香葱洗净，葱白切段，葱绿切成末；②羊肚菌洗净、泡发，酒红色的泡发水去除沉淀物以后备用；③炒锅倒入油，烧热，转小火；豆腐拿在手上边切边小心翼翼地放在锅中；豆腐全部放入锅中后，转中小火煎豆腐，一面煎一面小心翻面，直到两面都煎成金黄色，盛出；④锅中留少许底油，加葱白爆香，然后把煎好的豆腐、泡好的羊肚菌放入，泡羊肚菌的水也倒入，按照个人口味加入酱油或豆瓣酱调味，大火烧开转小火炖煮至豆腐入味；⑤葱白段用筷子夹出丢掉，装盘后撒上葱花。

（7）羊肚菌鱼汤　羊肚菌鱼汤集合了羊肚菌和鲫鱼的鲜美和营养，不失为一道好汤。

做法：①鲫鱼去内脏及鱼鳞，洗干净沥干水分；②将处理的鲫鱼用油煎至两面金黄色；③将煎好的鲫鱼放入砂锅，加入姜片，放入冷水，鲫鱼煲至鱼汤变成乳白色；④羊肚菌清洗、泡发，泡发水沉淀泥沙后备用；⑤向鱼汤内加入羊肚菌及泡发水，继续煮20分钟左右；⑥关火前加盐，撒上葱和香菜即可。

（8）羊肚菌虾米冬瓜汤　做法：①冬瓜去皮，切成小长条状；羊肚菌洗净、泡发、切段备用；②锅中倒油，放入冬瓜，翻炒；③放入泡发好的羊肚菌，再翻炒；④放入虾米，翻炒几下，加水；⑤大火烧开15分钟，放少许盐；⑥装盘，撒上葱花。

（七）羊肚菌销售与文化建设

我国羊肚菌市场现有三大主力销售模式：一线城市的消费、栽培区域的直接消费和网络直销。除了研发新技术、降低生产成本、大力提高产品质量以外，羊肚菌产业也要关注国内与国际市场开拓、企业品牌文化打造、消费文化建设、系列产品开发、宣传理念升级等。

1.羊肚菌销售渠道

（1）一线城市的消费　目前，我国羊肚菌主要的消费地为一线城市。基地生产的羊肚菌经过采摘、分拣，按照品级、大小封装成箱，通过空运或物流直接由基地发往大城市的批发市场，再分散进入高档宴席或家庭。小规模种植户的羊肚菌初级产品，为收购商所收购后，也可能流入大城市的批发市场，进而进入高档宴席或家庭。

（2）栽培区域的直接消费　为种植户的直接销售模式，在当今的鲜品销售中占据一定的比重。种植户立足本地市场，将自己所产的羊肚菌鲜品直接向本地高档饭店供货。同一地区多个生产企业和种植户联合，如果产品能达到一定的规模，可以满足饭店、连锁店、超市等的周年供货需要，则可开发当地的直接消费渠道。

（3）网络销售　通过微信、QQ、抖音等信息交流平台，直接将羊肚菌鲜品或干品销售给消费者。在电商平台上，如京东、淘宝、拼多多等，通过一组精美的照片或视频宣传，加上简要的文字描述吸引消费者，消费者下单购买羊肚菌产品（图7-14）。网络销售的发展很快，是羊肚菌产品销售潜在的重要渠道。

图7-14　京东商城上的羊肚菌销售店铺

2. 羊肚菌文化建设

（1）开拓国内外市场　目前，我国羊肚菌仍属于小众食用菌类，相对昂贵的价格还无法大众消费。销售商为羊肚菌贴的标签仍然是高端和珍稀，距离成为大众食用菌还有一定的距离。由于商品总量相对较少，国内市场价格偏高，因此羊肚菌销售主要以国内市场为主，国际市场还有待深入开发。国内的销售渠道单一，国民对羊肚菌的认识也相对不足。随着栽培规模的不断扩大，进一步开拓国内市场和国际市场势在必行。要进一步加大宣传力度和文化建设，使更多国民认识羊肚菌，深入了解其美味、营养和保健价值，主动购买和消费，而不是猎奇式消费。开发国际市场，是羊肚菌产业长远发展的有力保证。相关企业要规范生产，加强产品的检测和认证，尽早打开国际市场，保证羊肚菌产业的持续、稳定和长久发展。

（2）重视企业品牌文化建设　打造品牌是企业立于不败之地的发展保证，企业一定要重视品牌建设。为此，要重视企业文化建设，通过各种形式的广告宣传企业、宣传产品。例如，设计有自身特色的羊肚菌的卡通形象等，多种形式推广羊肚菌（图7-15）。要产学研相结合，生产中做到高产、稳产。要有自己独特的技术、生产模式和生产品种等，逐渐成为产业的标杆。要主动开发国内外市场，占领市场才是真正的老大。要拓展融资渠道，不会因为资本链断裂而耽误企业的发展。

图7-15　网络上一些羊肚菌卡通形象

（3）与其他产业联合发展，大力发展羊肚菌餐饮文化　羊肚菌产业可与其他产业捆绑式发展。例如，将羊肚菌与园林生产结合，林下种植羊肚菌；或羊肚菌与蔬菜间作套种，与蔬菜、水果和旅游产业联合发展，使羊肚菌采摘成为现场消费的一部分。又如，在消费文化层面以引导式消费模式为主，在生产基地建立羊肚菌餐饮体验中心，推出多元化的以羊肚菌为主的特色产品，如羊肚菌香肠、羊肚菌包子、羊肚菌饼干、羊肚菌粽子、羊肚菌牛轧糖、羊肚菌特色菜肴等，利用美食品鉴的方式向顾客推广羊肚菌。

参考文献

郭乔仪,普怀亭,赵坚能,2017.羊肚菌温室大棚种植技术要点[J].农村实用技术(6):34-35.

何培新,刘伟,贺新生,等,2014.粗柄羊肚菌内生真菌多样性研究[J].郑州轻工业学院学报(自然科学版),29(3):1-6.

贺新生,2017.羊肚菌生物学基础、菌种分离制作与高产栽培技术[M].北京:科学出版社.

刘伟,蔡英丽,何培新,等,2019.羊肚菌栽培的病虫害发生规律及防控措施[J].食用菌学报,26(2):128-134.

刘伟,张亚,何培新,2017.羊肚菌生物学与栽培技术[M].长春:吉林科学技术出版社.

图书在版编目（CIP）数据

彩图版羊肚菌实用栽培技术/何培新等著．—北京：中国农业出版社，2020.2（2024.11重印）

ISBN 978-7-109-26152-5

Ⅰ．①彩… Ⅱ．①何… Ⅲ．①羊肚菌-蔬菜园艺-图解 Ⅳ．①S646.7-64

中国版本图书馆CIP数据核字（2019）第243837号

中国农业出版社出版

地址：北京市朝阳区麦子店街18号楼

邮编：100125

责任编辑：黄　宇　李　蕊

版式设计：杨　婧　责任校对：巴洪菊

印刷：中农印务有限公司

版次：2020年2月第1版

印次：2024年11月北京第8次印刷

发行：新华书店北京发行所

开本：700mm×1000mm　1/16

印张：6.75

字数：115千字

定价：68.00元
